Die Bibliothek der Technik
Band 273

Industrielle Dosiertechnik

Reaktive Gießharze, Misch- und Dosiersysteme und Anlagentechnik zum Dichten, Vergießen und Kleben

Peter Gräter und Hartmut Storz

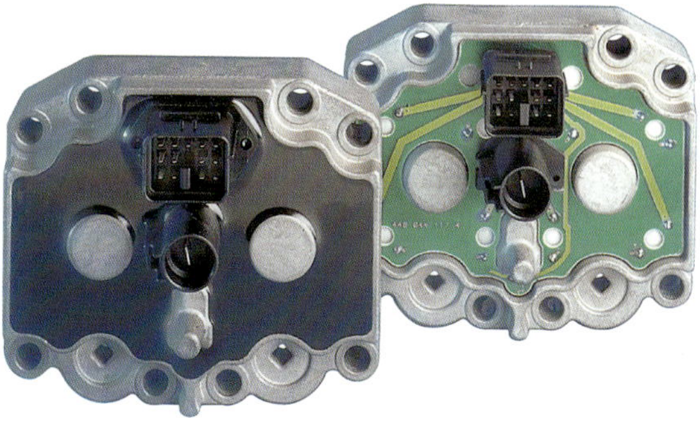

verlag moderne industrie

Dieses Buch wurde mit fachlicher Unterstützung der
Rampf Dosiertechnik GmbH & Co. KG und der
Rampf Giessharze GmbH & Co. KG erarbeitet.

Die Autoren bedanken sich bei Natascha Scheihing, Elvira Schubert, Bernd Faller, Manfred Wölfle, Stefan Hampel, Stefan Siegers, Franz-Josef Giesen und Thomas Häußler für die wertvolle Mitarbeit an diesem Buch.

sv corporate media, D-80992 München
http://www.sv-corporate-media.de
Abbildungen: Rampf Dosiertechnik und Rampf Giessharze
Satz: abc.Mediaservice GmbH, Buchloe
Druck: Himmer, Augsburg
Bindung: Ludwig Auer, Donauwörth
Printed in Germany 889011
ISBN 3-937889-11-6

Inhalt

Einleitung

Der Begriff *Dosiertechnik* wird in keiner Norm erläutert. Dennoch gehört er in verschiedenen Industrien zum geläufigen Vokabular. In der Regel charakterisiert er eine definierte Abfolge von Wäge-, Misch- und Verarbeitungsprozessen (Abfüllen, Austragen) mit dem Ziel, verschiedene Komponenten sowohl hinsichtlich der Mengen als auch zeitlich präzise zusammenzuführen und zu etwas Neuem zu verarbeiten. Die Ausgangskomponenten können als Granulate, Flüssigkeiten, Pasten und sogar als Gase vorliegen. Mit dieser allgemein gehaltenen Definition könnte selbst die Herstellung eines Kuchenteigs als dosiertechnischer Prozess bezeichnet werden. Deshalb bedarf es einer Konkretisierung des Begriffs und damit des Buchinhalts.

Industrielle Verarbeitung reaktiver Gießharze

Das vorliegende Buch zielt darauf ab, die industrielle Verarbeitung – in der Serienfertigung – von reaktiven Gießharzen, aber auch von anderen Polymeren in der Elektro-, Automobil-, Hausgeräte- und Medizintechnikindustrie zu erläutern (Abb. 1). Diese Technologie setzt sich aus einer weithin unbekannten, aber dennoch reizvollen Kombination aus chemischen Prozessen sowie Verfahrens-, Automatisierungs- und Steuerungstechnik zusammen und soll mit diesem Buch einer größeren Öffentlichkeit zugänglich gemacht werden.

Im Anschluss an diese kurze Einführung wird zunächst erläutert, auf welchen Kunststoffklassen reaktive Gießharze basieren und wozu diese Polymere grundsätzlich verwendet werden können. Die Beschreibung der chemischen Prozesse dient nur einer groben Orientierung. Das nachfolgende Kapitel befasst sich mit den drei Anwendungsfeldern der Dosier-

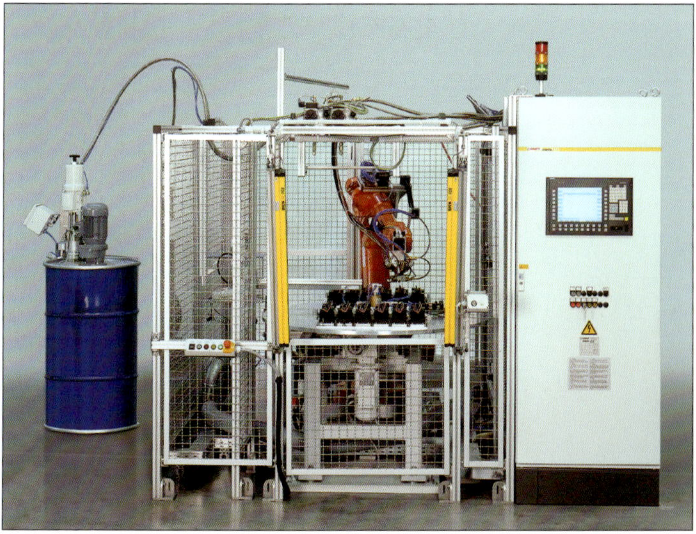

Abb. 1: Dosieranlage mit Roboter

technik: Dichten, Vergießen und Kleben und mit den erforderlichen Verarbeitungstechniken. Da die Klebtechnik in der einschlägigen Literatur bereits umfangreich vertreten ist, beschränkt sich dieses Buch auf einige grundlegende Aussagen. Danach wird die spezielle Anlagentechnik für die zuvor beschriebenen Gießharze und Anwendungen vorgestellt; zum Einsatz kommen jeweils Niederdruckmischverfahren, mit denen die Komponenten bei Drücken bis maximal ca. 15 bar in einer Mischeinrichtung zusammengeführt werden. Im Anschluss an die Anlagentechnik werden moderne Recyclingverfahren für Polyurethane beschrieben, die neue Perspektiven im Hinblick auf die ökologische Verträglichkeit dieser Kunststoffklasse eröffnen. Abgerundet wird das Buch durch eine kurze Erläuterung der verwendeten Fachbegriffe.

Reaktive Gießharze

Kunststoffe sind Makromoleküle (Polymere), die durch Polyreaktion (neue Bez.: Polymerisation) aus Einzelmolekülen (Monomeren) entstehen. Sie können nach verschiedenen Kriterien eingeteilt werden: Nach ihren strukturellen Merkmalen werden lineare (Thermoplaste), schwach vernetzte (Elastomere) und stark vernetzte Makromoleküle (Duroplaste) unterschieden. Ein zweites Unterscheidungskriterium ist die Art der Polyreaktion: Eine *Polymerisation* (neue Bez.: Additionspolymerisation als Kettenreaktion) läuft stufenlos ab, ohne Abspaltung

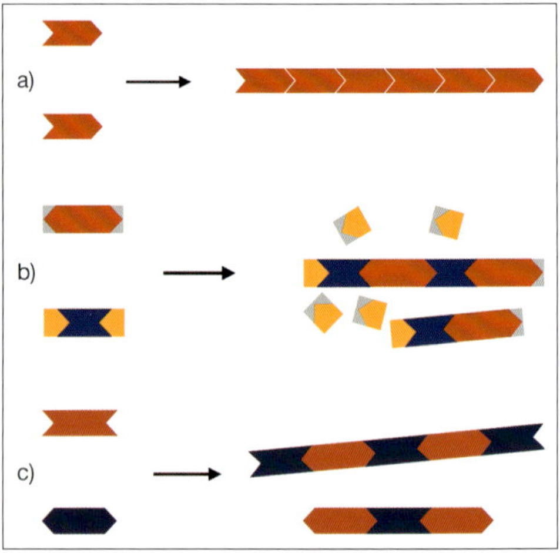

Abb. 2:
Arten der Polymerisation
a) Additionspolymerisation als Kettenreaktion
b) Kondensationspolymerisation
c) Additionspolymerisation als Stufenreaktion

von Molekülbestandteilen (Abb. 2a). Eine *Polykondensation* (neue Bez.: Kondensationspolymerisation) vollzieht sich in Stufen und unter Abspaltung von Nebenprodukten (Abb. 2b). Eine *Polyaddition* (neue Bez.: Additionspolymerisation als Stufenreaktion) erfolgt ebenfalls stufenweise, aber ohne Abspaltung von Nebenprodukten (Abb. 2c).

Thermoplaste		**Duroplaste**
Polymerisate	*Lineare Polykondensate/ Polyaddukte*	*Vernetzte Polykondensate/ Polyaddukte*
• Polyolefine (z. B. Polypropylen) • Styrolpolymerisate (z. B. Polystyrol) • Halogenhaltige Vinylpolymere (z. B. PTFE, PVC) • Acrylpolymere (z. B. PMMA) • Polyacetale (z. B. POM)	• Polyamide • Polycarbonate • Polyester (z. B. PET, PBT) • Polyimide • Polyarylketone • Polysulfone • Polyurethane (z. B. TPU)	Pressmassen • Phenoplaste • Aminoplaste Reaktive Gießharze • Polyurethane • Epoxide • Silikone • vernetzte Polyester

Tab. 1: Wichtige Industriekunststoffe (ohne Elastomere)

Tabelle 1 kombiniert beide Einteilungskriterien und zeigt die jeweils wichtigsten Vertreter. Die hier thematisierten reaktiven Gießharze gehören somit grundsätzlich zu den vernetzten Polymerwerkstoffen.

Als reaktives Gießharz wird eine flüssige austragbare Reaktionsharzmasse bezeichnet, die durch Mischen und Homogenisieren eines Reaktionsharzes (A-Komponente) mit einem Reaktionsmittel (Härter, B-Komponente) und diversen chemisch nichtreaktiven (inerten) Zusatzstoffen (z. B. Weichmacher, Füllstoffe,

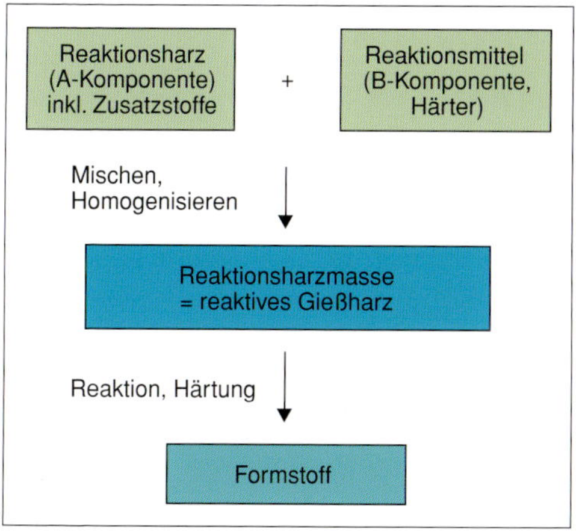

Abb. 3: Verarbeitung reaktiver Gießharze

Farbstoffe, Katalysatoren) zu einem Formstoff mit definierter Härte ausreagiert (Abb. 3). Zu beachten ist, dass in den USA und England die A-Komponente und die B-Komponente zum Teil umgekehrt bezeichnet werden.

Komponenten

Es gibt ein-, zwei- und mehrkomponentige Reaktionsharzmassen. Bei einkomponentigen Reaktionsharzmassen können das Reaktionsharz und das Reaktionsmittel bereits latent gemischt sein. Erst durch Zufuhr von Energie (z. B. thermische Energie, Licht) oder Feuchtigkeit wird die Reaktionsharzmasse zur Härtung gebracht. Zwei- oder mehrkomponentige Reaktionsharzmassen werden bei der Verarbeitung gemischt und reagieren auch ohne Zufuhr von Energie.

Geschäumte Formstoffe

Wird in eine flüssige Reaktionsharzmasse ein gasförmiges Treibmittel homogen eingebracht oder bildet sich das Treibmittel (z. B. CO_2) als Produkt einer chemischen Reaktion, entsteht ein zweiphasiges Gemisch, dessen Gasbläschen nach Abschluss der Reaktion im Formstoff eingeschlossen bleiben. Der so entstandene Formstoff kann je nach Netzwerkdichte als Weichschaum, zähelastischer Halbhartschaum oder Hartschaum vorliegen.
Reaktive Gießharze werden z. B. auf der Basis von Polyurethanen, Epoxiden, Silikonen oder Polyestern formuliert. Nach der Aushärtung sind sie durch Wärme nicht mehr verformbar. Von Vorteil sind insbesondere

- ihr sehr breites Eigenschaftsspektrum
- die einfache Verarbeitung
- die einfachen und damit meist preisgünstigen Formen
- die mögliche Härtung bei Raumtemperatur.

Polyurethan-Gießharze

Polyurethane gehören zur Gruppe der polyadditionsvernetzenden Kunststoffe. Ihr Produktspektrum ist vielfältig und wird von keiner anderen Kunststoffklasse übertroffen: Weichschäume, halbharte Füllschaumstoffe, Hartschäume und Integralschaumstoffe zählen ebenso dazu wie Gieß- und Sprühelastomere, Gießmassen, Klebstoffe und Lacke. Charakteristisches Strukturelement aller Polyurethane ist die Urethangruppe (Abb. 4).

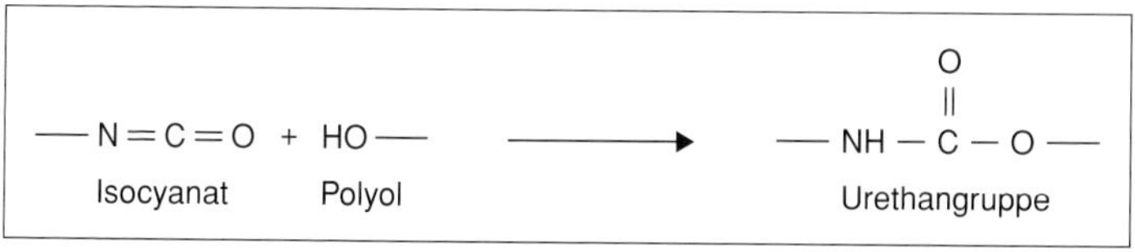

Abb. 4: Urethangruppe

Polyurethan-Gießharzmassen schützen z. B. elektrische Bauelemente vor Feuchtigkeit, Wasser, Staub und Chemikalien, aber auch vor mechanischen Einwirkungen wie Schlägen und Stößen. Typische Anwendungen sind der Verguss von Kabeln, Messwandlern, Isolatoren, Bauteilen für die Niederspannungstechnik, Platinen, Schaltern, Motorelektronikkomponenten und Lüfterregelungen.

Chemische Basis

Die gesamte Polyurethanchemie beruht im Wesentlichen auf Polyolen bzw. Polyaminen (Reaktionsharz, A-Komponente) und Isocyanaten (Reaktionsmittel, B-Komponente). Die Zahl der verfügbaren Polyole übersteigt die Zahl der Isocyanate um ein Vielfaches.

A-Komponente

Wegen ihrer Hydrolysestabilität, ihrer niedrigen Viskosität und ihres geringen Preises sind Polyetherpolyole die am meisten verwendeten Polyole. Der große Vorteil der Polyesterpolyole zeigt sich hingegen in den besseren mechanischen Eigenschaften der daraus hergestellten Polyurethane. Ursache hierfür sind Wasserstoffbrückenbindungen, die Polyesterpolyole anders als Polyetherpolyole ausbilden können. Spezielle Polyesterpolyole auf der Basis von ε-Caprolactonen oder Carbonaten

werden vor allem für hochwertige Elastomere eingesetzt. Neben diesen beiden Grundpolyolen gibt es viele andere Typen wie amingestartete Polyole, flammhemmende Polyole, Diole auf der Basis von Polybutadien und auch organisch gefüllte Polyole.
(Poly-)Amine sind reaktionsfähiger gegenüber Isocyanaten als Polyole und bilden im Gegensatz zu diesen Harnstoffsegmente, die temperaturbeständiger sind und eine höhere Härte aufweisen als Urethangruppen.

B-Komponente

Isocyanate gibt es in zwei Grundstrukturen: *Aromatische Isocyanate* sind kostengünstig herzustellen und haben ein breites Anwendungsspektrum, *aliphatische Isocyanate* sind teurer und werden wegen ihrer UV-Beständigkeit vor allem bei der Herstellung von Lacken, Automobilteilen und Möbeln eingesetzt.

Vernetzer und Kettenverlängerer

Mithilfe von Vernetzern und Kettenverlängerern kann man die Vernetzungsdichte und damit das Endeigenschaftsprofil der Polyurethane maßgeblich beeinflussen. Es handelt sich um multifunktionelle niedermolekulare Verbindungen, die mit Isocyanaten reagieren. Trifunktionelle und höherfunktionelle Verbindungen führen zu einer dreidimensionalen Vernetzung, difunktionelle Verbindungen lediglich zu einer zweidimensionalen Kettenverlängerung. Aus der Klasse der Aminverbindungen kommen fast ausschließlich aromatische Diamine zum Einsatz.

Hilfs- und Zusatzstoffe

Erst durch Hilfs- und Zusatzstoffe erhalten Polyurethanformulierungen die geforderten Verarbeitungseigenschaften. Die Geschwindigkeit der Vernetzungsreaktion wird außer von der Temperatur und der chemischen Struktur der Rohstoffe maßgeblich durch *Katalysatoren* beeinflusst. Hauptsächlich werden tertiäre Amine unterschiedlicher Struktur und/oder metallorganische Verbindungen – vor allem Zinnverbindungen – eingesetzt.

Polyurethanschaumstoffe

Oberflächenaktive Additive (Emulgatoren) bewirken eine bessere Vermischung der Reaktionspartner Isocyanat, Polyol und Wasser und tragen somit zu einem gleichmäßigeren Schäumen bei. Spezielle siliziumorganische Verbindungen (Schaumstabilisatoren) spielen bei der Herstellung von Polyurethanschaumstoffen eine erhebliche Bedeutung. Sie stabilisieren den aufsteigenden Schaum und regeln die Zellstruktur (offene oder geschlossene Zellen und Feinzelligkeit).

Treibmittel zur Herstellung von Schaumstoffen entstehen durch chemische oder physikalische Prozesse. Kohlendioxid als chemisch in situ erzeugtes Produkt aus der Isocyanat-Wasser-Reaktion ist das wichtigste Treibmittel zur Herstellung von flexiblen Schaumstoffen, die überwiegend offene Zellen besitzen (Abb. 5). Das ebenfalls aus der Isocyanat-Wasser-Reaktion entstehende Amin vernetzt wieder mit dem Isocyanat. Als physikalisch

$$\underset{\text{Isocyanat}}{-NCO} + \underset{\text{Wasser}}{H_2O} \longrightarrow \underset{\text{Amin}}{-NH_2} + \underset{\text{Kohlendioxid}}{CO_2} \uparrow$$

Abb. 5: Reaktion von Isocyanat mit Wasser

wirkende Treibmittel werden Flüssigkeiten mit niedrigem Siedepunkt eingesetzt, die infolge der exothermen Polyurethanreaktion verdampfen. Anstelle der früher eingesetzten, die Ozonschicht abbauenden Fluorchlorkohlenwasserstoffe (FCKW) werden heute in geringem Umfang teilhalogenierte Fluorkohlenwasserstoffe (HFKW), Kohlenwasserstoffe (Pentan) oder flüssiges Kohlendioxid eingesetzt. Unter Druck stehendes flüssiges Kohlendioxid wird kontinuierlich oder diskontinuierlich zugesetzt und dient als preisgünstiges Treibmittel für die Weichschaumherstellung. Sofern es aus regenerativen Quellen gewonnen wird, wirkt es – anders als HFKW – nicht klimaschädigend (Treibhauseffekt).

Füllstoffe

Füllstoffe wie Kreide, Schwerspat, Aluminiumhydroxid und Talkum werden vor allem zur Kostensenkung eingesetzt. Sie tragen aber auch zur Verbesserung des Flammschutzes, der Druckfestigkeit und der Wärmeformbeständigkeit bei. Glasfasern werden immer häufiger zur Verstärkung von Integralschaumstoffen eingesetzt. Als Flammschutzmittel werden neben Aluminiumhydroxid vor allem Ammoniumpolyphosphate, Phosphor und halogenierte (Chlor, Brom) Verbindungen eingesetzt. Einfärben lassen sich Polyurethane mit unterschiedlichen anorganischen Pigmenten oder mit organischen Farbstoffen. Diese stehen als Farbpasten zur Verfügung und werden meist der Polyolkomponente zugemischt. Hydrolyse-, Vergilbungs- und Oxidationsinhibitoren sind als Additive in den Polyurethanformulierungen heute nicht mehr wegzudenken.

Epoxid-Gießharze

Grundlage für die Herstellung der Epoxidharze sind, wie bei vielen anderen Kunststoffen auch, Erdölbestandteile. Über zahlreiche Zwischenprodukte führt die Synthese von diesen Substanzen zu den wichtigsten Epoxidharzvorprodukten wie Phenol, Aceton, Anilin und Epichlorhydrin.

A-Komponente

Die in der Industrie am meisten verarbeiteten Epoxidharze sind Umsetzungsprodukte aus Bisphenol A und Epichlorhydrin. Daneben wurden eine Reihe modifizierter Epoxidharze entwickelt, die in Spezialgebieten Verwendung finden, z. B. Novolak-Epoxidharze, Amin-Epoxidharze und flexibilisierte Bisphenolharze. Halogenierte Bisphenol-A-Harze dagegen, die bislang in flammgeschützten Epoxidharzsystemen zur Anwendung kamen, dürfen gemäß EU-Richtlinie 2003/11/EG in Neuprodukten nicht mehr eingesetzt werden. Für Anwendungen im Freiluftbereich werden so genannte cycloaliphatische Epoxidharze eingesetzt, die sich durch hohe UV-Beständigkeit auszeichnen.

B-Komponente

Die B-Komponente, das Reaktionsmittel der Epoxid-Gießharzmassen, wird je nach chemischem Aufbau und Reaktionsweise in vier Gruppen unterteilt: Für die Elektroindustrie ist die Gruppe der Säureanhydridhärter am wichtigsten. Deren Polyadditionsreaktion mit der Harzkomponente verläuft bei Raumtemperatur allerdings sehr langsam. Erst bei Temperaturen über 80 °C sind die Härtungszeiten ausreichend kurz. Bei diesen – aufgrund der hohen Härtungstemperaturen als Heißhärter bezeichneten – Systemen wird meist noch ein Beschleuniger eingesetzt. Ebenfalls nach dem Prinzip der Polyaddition reagieren die Aminhärter. Die Umsetzung mit aliphatischen Aminen läuft bereits bei Raumtemperatur mit ausreichender Geschwindigkeit ab (Abb. 6). Deshalb werden diese Systeme auch als Kalthärter bezeichnet. Aromatische Amine wie z. B. Dicyandiamid benötigen für die Aushärtung dagegen hohe Temperaturen.

Eine weitere Vernetzungsreaktion ist die Anlagerung phenolischer OH-Gruppen an den Epoxidring. Auch hierbei handelt es sich um eine Polyadditionsreaktion, die allerdings erst

Abb. 6: Grundreaktion der Epoxidharze mit Aminen

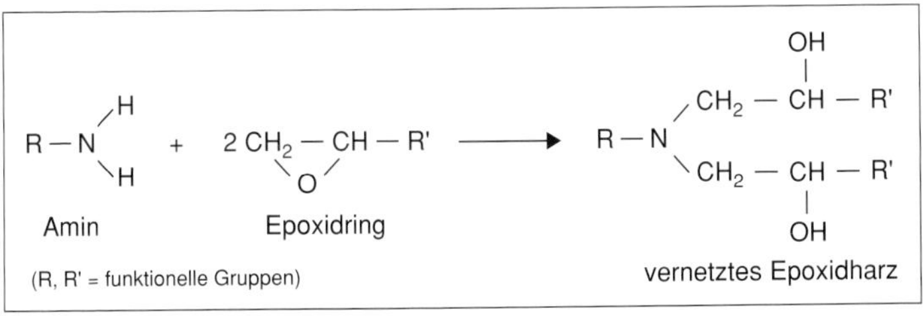

bei höheren Temperaturen abläuft und hauptsächlich für die Herstellung von Epoxidformmassen verwendet wird. Auch die Polymerisation von Epoxidharzen ist mit entsprechenden Katalysatoren möglich. Diese Technik wird in der Praxis jedoch selten angewendet.

Die reaktionsfähige Gruppe der Epoxidharze bildet der Epoxidring. Die chemische Reaktion beginnt nach dem Vermischen des Epoxidharzes mit dem Reaktionsmittel. Im Verlauf der Härtung bildet sich aus den niedermolekularen Ausgangsstoffen ein vernetzter makromolekularer Kunststoff. Diese Reaktion ist exotherm, d. h., es wird Wärme frei. Die Härtung ist weiterhin mit einer Änderung der Dichte verbunden, die als Schwund bezeichnet wird. Die einzelnen, anfänglich frei beweglichen Moleküle rücken an ihren Vernetzungspunkten aneinander. Je höher der Vernetzungsgrad des Endprodukts, desto höher ist auch der zu erwartende Volumenschwund.

Füllstoffe

Nur in den seltensten Fällen, z. B. bei Imprägnierungen, werden Mischungen ausschließlich aus ungefüllten Harzen und Reaktionsmitteln verwendet. Bei den meisten Anwendungen werden Füllstoffe wie Quarzmehl, Dolomitmehl, Kreide und Farbstoffe zugesetzt oder es kommen Verstärkungsmaterialien wie Glasgewebe zum Einsatz. Der Grund hierfür ist weniger in den Kosten für das Gemisch zu suchen als vielmehr in der gezielten Veränderung und Verbesserung bestimmter Eigenschaften. So hängt der thermische Ausdehnungskoeffizient unter anderem von der Netzwerkdichte der Polymermatrix ab und kann durch Zugabe von Füllstoffen positiv beeinflusst werden. Besonders niedrige Ausdehnungskoeffizienten werden z. B. mit Quarzgutmehl erreicht.

Die ausgehärteten Epoxidharz-Formstoffe zeichnen sich durch gute mechanische, elektrische und thermische Eigenschaften sowie gute Chemikalienbeständigkeit aus. Eine der wichtigsten Eigenschaften ist die Wärmeformbeständigkeit nach Martens. Man unterscheidet Formstoffe mit einem Martensgrad von ca. 40 °C bis 110 °C. Während für die weniger wärmeformbeständigen Produkte kalthärtende Epoxidharzsysteme eingesetzt werden können, sind zum Erreichen der höheren Werte Heißhärter notwendig. Eine Absenkung dieser Werte ist in allen Fällen möglich. Zur Erhöhung der Flexibilität werden in erster Linie nichtreaktive Extender – ähnlich den Weichmachern bei Thermoplasten – zugesetzt.

Wärmeformbeständigkeit: Martensgrad

Silikonkautschuke

Auch der Silikonchemie stehen aufgrund der unterschiedlichsten Siliziumketten unübersehbar viele Verbindungen offen. Zur Herstellung von Silikonen wird Sand unter Energieeinsatz zu Siliziumpulver aufgeschlossen. Das Silizium wird zu Chlorsilanen umgesetzt, diese reagieren zu funktionellen Siloxanen. Durch Polyaddition oder Polykondensation der funktionellen Siloxane entstehen die Silikone (Abb. 7).

Silikone sind ökologisch unbedenklich, da sie bei der Verbrennung oder beim chemischen Abbau praktisch keine toxischen Produkte an Luft, Wasser oder Boden abgeben. Grundeigenschaften der Silikone sind:

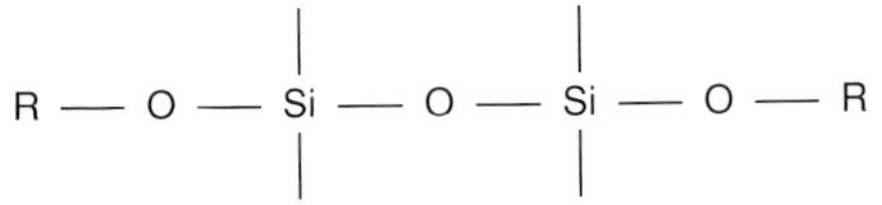

(R = funktionelle Gruppe wie –H, –OH, $–NH_2$, Vinyl, Epoxy, Acrylat, Carboxy, Oxim, Fluor etc.)

Abb. 7: Grundgerüst von Silikonen

- thermische Stabilität, hohe Wärmebeständigkeit (insbesondere zweikomponentige Silikone)
- hohe Chemikalienbeständigkeit (höchste Chemikalienbeständigkeit bei Fluorsilikonen)
- Witterungs- und Strahlenresistenz
- geringe Temperaturabhängigkeit der Viskosität, konstante Viskosität über einen großen Temperaturbereich
- niedriger Stockpunkt
- gute Tieftemperaturbeständigkeit; Erhaltung der Kautschukelastizität bei Minustemperaturen
- gute dielektrische Eigenschaften, elektrische Isolierung
- gute Trenn- und Gleiteigenschaften
- wasserabweisende Oberfläche
- niedrige Oberflächenspannung, Tensideigenschaften (Methylsilikone)
- gute Gasdurchlässigkeit
- physiologische Unbedenklichkeit
- gute Haftfähigkeit.

Unter dem Oberbegriff Silikon werden verschiedene Produkte zusammengefasst: insbesondere Silikonöle, Silikonpasten, Silikonfette, Silikonharze, Silikonkautschuke (Silikonelastomere) und wässrige Silikonemulsionen. Im Zusammenhang mit Gießharzmassen beschränken wir uns im Folgenden auf die Silikonkautschuke. Grundsätzlich unterscheidet man in Festkautschuke und Flüssigkautschuke (flüssig oder pastös). Typische Anwendungen von Festkautschuken sind Walzenbeschichtungen, Schläuche, Plattenware, Stanzteile und Formteile. Typische Anwendungen von Flüssigkautschuken sind Dichtungen und Formteile für die Automobil- und Elektroindustrie, den Lebensmittelbereich, den Maschinen-, Anlagen-, Textil- und Formenbau und viele andere Branchen.

Fest- und Flüssigkautschuke

Bei Silikonkautschuken handelt es sich entweder um polykondensationsvernetzte einkomponentige Kautschuke (Feuchtehärtung) oder um polyadditionsvernetzte ein- oder zweikomponentige Polyvinylsiloxane. Die Vernetzung erfolgt durch Kaltvulkanisation (RTV) oder Heißvulkanisation (HTV). Die besten mechanischen und chemischen Eigenschaften weisen jeweils die heißvulkanisierten Produkte auf.
Die Gruppe der Festkautschuke besteht aus dem peroxidisch vernetzten und dem platinkatalysierten HTV-1-Kautschuk (die angehängte Ziffer steht für die Anzahl der Komponenten). Spaltprodukte entstehen nur bei Ersterem. Die Gruppe der Flüssigkautschuke wird vom feuchtehärtenden RTV-1-Kautschuk, vom platinkatalysierten RTV-2-Kautschuk und vom ebenfalls platinkatalysierten LSR (liquid silicon rubber) gebildet. Bei LSR handelt es sich um einen bei Raumtemperatur inhibierten RTV-2-Kautschuk, der auf Wärmezufuhr durch Freisetzung des Inhibitors reagiert. Bei Raumtemperatur reagiert LSR dagegen, abhängig von der Inhibitorkonzentration, erst nach Tagen, Wochen oder Monaten. Wegen der einfachen Handhabung wird immer mehr LSR verarbeitet. LSR kann auch einkomponentig formuliert und dann z. B. als Beschichtung verarbeitet werden. Solche Materialien weisen eine begrenzte Haltbarkeit auf und werden gegebenenfalls in einem Kühlschrank aufbewahrt.

Fluorsilikonkautschuke

Über die genannten Silikonkautschuke hinaus gibt es auch Fluorsilikonkautschuke. Sie besitzen eine erhöhte chemische Beständigkeit, werden aufgrund ihres hohen Preises allerdings nur begrenzt eingesetzt.
Die Vernetzung der polyadditionsvernetzenden Silikonkautschuke kann außer durch Temperaturerhöhung theoretisch auch durch Mikro-

Tab. 2: Reaktivität von Silikonkautschuken

Silikonkautschuk	Reaktivität
RTV-1, feuchtehärtend	langsam: mehrere Stunden bis Tage; Feuchte ist Bedingung!
RTV-2	schnell: einige Minuten, jedoch Restklebrigkeit; besser ist eine Aushärtung bei kurzfristig 50 bis 120 °C
1K- oder 2K-LSR	schnell: einige Sekunden bis Minuten bei 120 bis 230 °C

wellen- und Laserbestrahlung sowie Elektronenstrahlhärtung (ESH) erfolgen. Silikonacrylate härten auch durch UV-Strahlung.

Reaktivität

Neben den Materialkenndaten, dem Preis, der Stückzahl und der Verarbeitungstaktzeit bestimmen hauptsächlich die Reaktivität (Tab. 2) und Haftung, welches Silikon verarbeitet wird. Silikonschäume können nur einkomponentig-feuchtehärtend oder zweikomponentig-raumtemperaturhärtend formuliert werden. Bei der Verschäumung wird Wasserstoff freigesetzt.

Haftung

In der Regel haften feuchtehärtende RTV-1-Kautschuke sehr gut auf den Substraten. Am besten haften Essigsäure abspaltende Produkte. Aber auch speziell formulierte neue LSR erreichen eine sehr gute Haftung. Der Einsatz spezieller Primer (Silikate, Titanate, Silane), die entweder vorab auf den Basiswerkstoff aufgetragen werden oder als dritte Komponente in den Verarbeitungsprozess integriert werden, sorgen für verbesserte Haftung. Neben der chemischen Vorbehandlung gibt es auch physikalische Verfahren wie z. B. die Beflammung oder die kältere Plasma-Treat-Vorbehandlung. Die Plasma-Treat-Vorbehandlung des Basiswerkstoffs Polyamid sorgt z. B. dafür, dass LSR-Standardprodukte die Prüfnorm IEC 216 erfüllen (Haftung nach 3000 Stunden in 150 °C heißem Motoröl).

Der Anteil der zweikomponentigen LSR wächst in starkem Maße. Ausschlaggebend sind sowohl der Preis und die Leistung als auch die einfache Verarbeitung. Die preiswerten einkomponentigen feuchtehärtenden Silikone finden Anwendung, wenn eine lange Aushärtung möglich ist. Nach Möglichkeit wird eine einfache Kartuschenverarbeitung bevorzugt. RTV-2-Kautschuke kommen zur Anwendung, wenn aus Temperaturgründen keine Verarbeitung von LSR möglich ist oder wenn die einkomponentigen feuchtehärtenden Produkte eine zu lange Taktzeit aufweisen oder zu langsam aushärten.

Katalysatorgifte

Bei der Verarbeitung ist zu beachten, dass feuchtehärtender RTV-1-Kautschuk nicht parallel mit RTV-2-Kautschuken oder LSR auf einer Misch- und Dosier- oder Schäumanlage verarbeitet werden darf. Dieser Kautschuk ist in der Regel zinnaktiviert und schon Spuren von Zinn in den Leitungen der Anlage würde die Reaktivität der platinkatalysierten Systeme auf null bringen. Weitere Katalysatorgifte für platinkatalysierte Silikone neben Zinn und organischen Zinnverbindungen sind Amine (z. B. aus Polyurethanformulierungen), Schwefel und seine Verbindungen (z. B. schwefelhaltiges Öl auf Metallteilen), starke Oxidationsmittel wie Chlorverbindungen sowie starke Säuren und Basen (Achtung: heftige Reaktion!).

Polyester-Gießharze

Insbesondere im Fahrzeug-, Karosserie-, Flugzeug- und Schiffbau kommen heute Laminiertechniken und Prepreg-Verfahren zur Anwendung. Bei Letzteren werden Glas-, Kohlefaser- oder Kevlargewebe mit flüssigem Reaktionsharz getränkt und zu dünnwandigen hochfesten Konstruktionsteilen verarbeitet.

Abb. 8:
Vernetzung ungesättigter Polyester mit Styrol

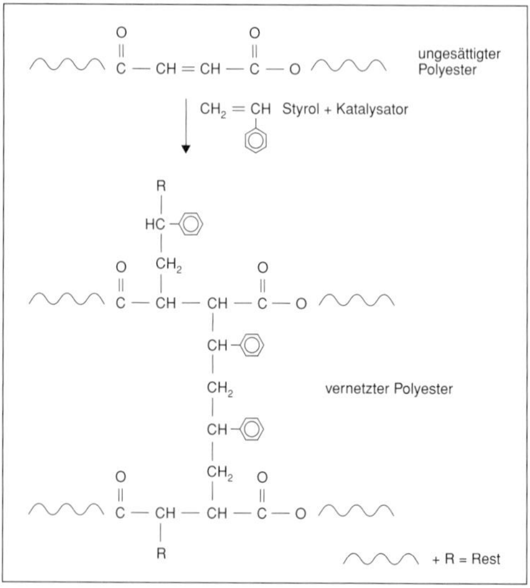

Vorteilhaft sind insbesondere die Gewichtsersparnis, das wesentlich einfachere Handling als bei vergleichbaren Metallkonstruktionen, die geringen Formkosten und große Freiheiten beim Design.
Als Reaktionsharz werden überwiegend ungesättigte Polyester verwendet (Abb. 8). Dieses mit Peroxiden als Katalysator zur Polymerisation angeregte Bindemittel härtet zügig aus und ermöglicht dadurch kurze Taktzeiten. In der Regel genügt dieses System den gestellten Anforderungen. Die Sprödigkeit und geringe Schlagzähigkeit des ausgehärteten Polyesters lassen eine Verwendung nur in Verbund- oder Verstärkungsverfahren sinnvoll erscheinen. Dadurch wird eine hohe Steifigkeit erreicht. Polyester bietet aufgrund der relativ niedrigen Rohstoffpreise interessante Perspektiven, ist jedoch wegen der Styrolemission nicht ganz unproblematisch zu verarbeiten.

Dosiersysteme in der industriellen Anwendung

Dichtungstechnik

Im Wesentlichen gibt es zwei Kategorien von Dichtungen: Dichtungen der ersten Kategorie müssen gegen Flüssigkeiten abdichten, also flüssigkeits- und druckdicht sein; es können auch größere Druckdifferenzen vorherrschen. Solche Dichtungen werden aus Kompaktmaterial hergestellt. Dichtungen der zweiten Kategorie schützen gegen Gase, Staub, Spritzwasser und Feuchtigkeit. Zwischen beiden Seiten der Dichtung liegt keine oder eine geringe Druckdifferenz vor. In der Regel werden solche Dichtungen aus geschäumtem Material hergestellt. Diese beiden grob klassifizierten Dichtungskategorien unterscheiden sich sowohl hinsichtlich der Konstruktion der Dicht- und Fügeflächen als auch in ihrem Aufbau.

In-situ-Herstellung

Üblicherweise werden Dichtungen als separate Produkte hergestellt und anschließend auf die abzudichtende Fläche aufgelegt oder verankernd montiert. Moderne Dosieranlagen sind in der Lage, Dichtungen – oder vielmehr das zunächst flüssige oder pastöse Dichtmaterial – mithilfe eines präzisen Dreiachskoordinaten- oder Knickarmroboters direkt auf das Bauteil aufzutragen. Deshalb spricht man von einer In-situ-Technik. Eine Besonderheit ist das Nass-in-nass-Verfahren, bei dem ein Dichtmaterial auf das Bauteil aufgetragen und sofort das Gegenstück montiert wird. Die Geometrie der Fügepartner bestimmt die Form der Dichtung. Dem Prinzip nach entspricht dieses Verfahren dem Kleben (vgl. *Klebtechnik,* S. 47 ff.).

Herstellung von Dichtungen im Extrusionsverfahren

Trockendichtung

Unter dem Extrudieren von Dichtraupen versteht man das direkte Auftragen einer Dichtmasse auf ein Bauteil mit anschließender Polymerisation. Im Verlauf des Polymerisationsprozesses entsteht eine mit dem Bauteil fest verbundene und immer korrekt positionierte Dichtung, die als *Trockendichtung* oder *FIPG* (Abk. von engl. *formed-in-place gasket*) bezeichnet wird. Weil die Dichtung unverlierbar am Bauteil haftet, ist auch der Begriff *Dichtung ohne Teilenummer* geläufig. Typische Anwendungen sind Handyschalen, Pumpen- und Elektrogehäuse sowie Ventildeckel und Saugrohre (Abb. 9).

Durch Extrudieren einer Dichtraupe (Abb. 10) kann eine Dichtung schnell und prozesssicher hergestellt werden. Bei den abzudichtenden Bauteilen handelt es sich in der Regel um

Abb. 9: Saugrohr mit Trockendichtung

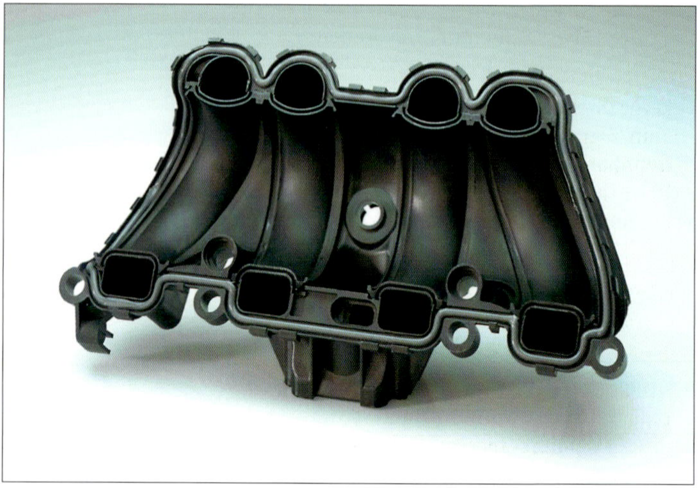

Abb. 10: Extrudieren einer Dichtraupe

Vorteile der Trockendichtung

Metalldruckguss-, Blechumform- oder Kunststoffspritzguss-Teile. Kostenvorteile ergeben sich u. a. dadurch, dass die Dichtungen direkt auf die durch Spritzen oder Umformen hergestellten Oberflächen aufgebracht werden können. Durch das Haften der Dichtung am Bauteil entfallen auch die für traditionelle Dichtungen notwendigen Fixierungen. Ebenso entfällt die kosten- und zeitintensive manuelle Montage der »schlaffen« Dichtung oder aufwändige Maschinentechnik für diesen Zweck. Für die Trockendichtung sprechen darüber hinaus folgende technischen Vorteile:

- keine Stoßstelle
- kein »Anbacken« am Gegenstück (Bauteile trennbar)
- Unverlierbarkeit
- automatisierter Fertigungsprozess.

Die Dichtungskontur und der Dichtraupenquerschnitt hängen nicht von einem Werkzeug ab, sondern lassen sich durch Variation folgender Parameter beeinflussen:

- der im Roboterprogramm hinterlegten Dichtungskontur
- des Düsendurchmessers oder auch der Düsenform

- der Bahngeschwindigkeit der Düse
- des Abstands der Bauteiloberfläche zur Austrittsöffnung der Düse
- der eingestellten Dosierleistung (Materialausstoß pro Zeiteinheit).

Dichtraupe und Dichtungsquerschnitt

Abhängig vom Breite-zu-Höhe-Verhältnis der Dichtraupe werden zwei Kategorien von Trockendichtungen unterschieden. Bei einem Verhältnis zwischen 1,0 und 1,2 (Abb. 11 rechts, Mitte) wird die Dichtungshöhe nicht durch den Bauteilverzug beeinflusst, weil der Abstand der Düse zur Bauteiloberfläche bei der Applikation größer ist als der Düsendurchmesser und somit die Dichtung auf die Oberfläche »aufgelegt« wird. In den Kurvenbereichen können sich durch den Nachlauf der Dichtraupe allerdings Probleme bei der Positioniergenauigkeit der Dichtung ergeben. Bei einem Breite-zu-Höhe-Verhältnis über 1,2 (Abb. 11 links) wird die Dichtungshöhe vom Abstand der Düse zur Bauteiloberfläche mit bestimmt. Dadurch hat der Anwender eine größere Freiheit in der Wahl des Dichtungsquerschnitts. Das Breite-zu-Höhe-Verhältnis liegt bei den meisten industriellen Anwendungen zwischen 1,2 und 2. Es muss lediglich beachtet werden, dass ein vorhandener Bau-

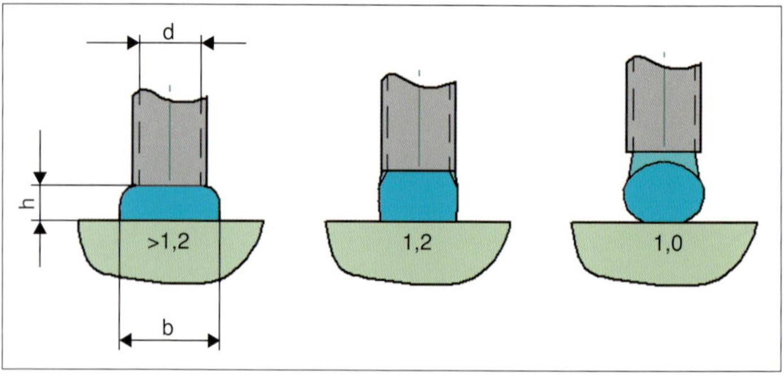

Abb. 11: Breite-zu-Höhe-Verhältnis der Dichtraupe

teilverzug durch geeignete Spannvorrichtungen ausgeglichen wird, ansonsten beeinflusst er die Dichtungshöhe mit.

Raupenübergang

Der Anfang und das Ende der Dichtraupe müssen zur sicheren Abdichtung stoßfrei miteinander verbunden werden (Abb. 12). Zwei Aspekte sind ausschlaggebend für die Qualität der Dichtung: ein spaltfreier Materialkontakt auf der Haftungsebene und eine

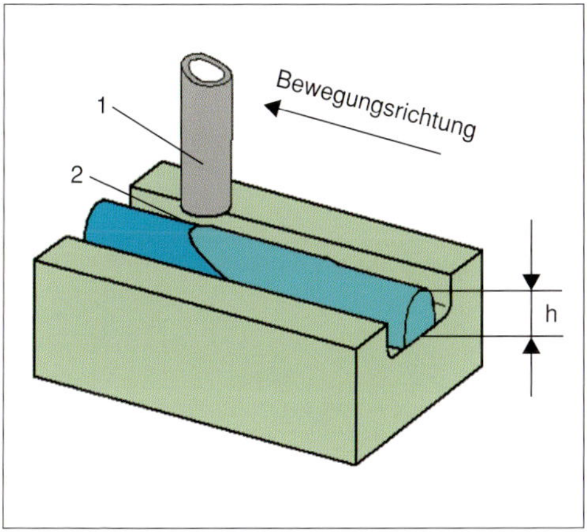

Abb. 12: Raupenübergang; 1 Extrusionsdüse 2 Überlappungsstelle h Dichtungshöhe

gleichbleibende Dichtungshöhe und -breite im Überlappungsbereich. Für die präzise und reproduzierbare Gestaltung des Raupenübergangs ist eine spezielle Maschinentechnik erforderlich. Diese besteht aus aufeinander abgestimmten Maschinenkomponenten und einer intelligenten Prozesssteuerungstechnik. Nur ein optimal aufeinander abgestimmtes System ermöglicht es, beide Anforderungen zu erfüllen.

Bevorzugte Materialien

Als Dichtmassen werden Kompaktmaterialien in erster Linie auf Silikonbasis, aber auch auf Polyurethanbasis verwendet. Bei der Auswahl des Dichtstoffs sind u. a. folgende Parameter zu berücksichtigen:

- das Anforderungsprofil (z. B. chemische und Temperaturbeständigkeit, Härte)
- die Aushärtungsbedingungen
- die Verarbeitungstechnologie
- die Nutgestaltung und Bauteilgeometrie.

Aushärtebedingungen
Die Wahl der Bedingungen für die Aushärtung wird durch das Dichtungsmaterial und die Fertigungsumgebung bestimmt. Je nach Dichtmaterial erfolgt die chemische Vernetzung über Katalysatoren im Material, über Feuchte und/oder über Wärmezufuhr (siehe Kapitel *Reaktive Gießharze,* S. 6 ff.). Generell beschleunigt Wärme den Härtungsprozess. Feuchtevernetzende RTV-1-Silikonsysteme z. B. härten bei Raumtemperatur und ausreichender Feuchte aus der Luft oder dem Bauteil je nach Raupendicke innerhalb von 45 bis 60 Minuten aus. Durch Temperaturerhöhung auf 80 °C sinkt die erforderliche Zeit auf ca. 8 Minuten.

Bedarfsgerechte Bauteilerwärmung

In der Praxis haben sich insbesondere folgende drei Vorrichtungen bzw. Verfahren zur Bauteilerwärmung bewährt:

- der Wärmeschrank
- der Durchlaufofen mit Infrarot- oder Umluftbeheizung
- die Hochfrequenz-Bauteilerwärmung mit Infrarotnachheizung.

Der Wärmeschrank wird hauptsächlich im Laborbetrieb und bei der Fertigung von Kleinserien eingesetzt. Durch den hohen Wärmeverlust beim Öffnen der Türen ist eine prozesssichere Wärmebehandlung nicht möglich. Durchlauföfen haben sich in der Fertigung großer Stückzahlen etabliert und können der jeweiligen Fertigungssituation modular angepasst werden. Die Bauteile samt der Dichtung werden auf 80 bis 150 °C erwärmt und, je nach Dichtungsmaterial, ca. 5 bis 10 Minuten auf dieser Temperatur gehalten. Vor der Entnahme durchläuft das Bauteil eine Kühlstrecke (Abb. 13). Um Kompaktdichtungen auf Metallteilen innerhalb von Montage-

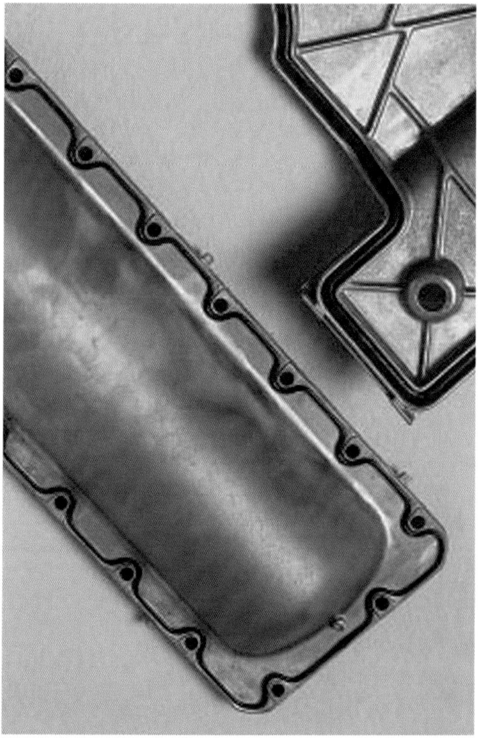

Abb. 13: Verdrängerkörper mit Trockendichtung, 10 Minuten im Ofen ausgehärtet

linien auszuhärten, kann die dritte Lösung eingesetzt werden. Das Hochfrequenzsystem erhitzt das Metallteil innerhalb von wenigen Sekunden auf die erforderliche Temperatur, die Infrarotstrahler gleichen lediglich die Abstrahlverluste des Bauteils aus. Diese Lösung kommt mit dem geringsten Installationsraum aus.

Verarbeitungstechnik

Für die Herstellung einer Dichtung im FIPG-Verfahren haben sich in der Praxis in erster Linie Silikonelastomere bewährt. Das optimale Ergebnis wird erreicht, wenn der Lieferant der Silikonkautschuke – diese sind auch als Silikonelastomere bekannt –, der Maschinenhersteller und der Produzent der Dichtung die Prozessparameter bereits in einem frühen Projektstadium aufeinander abstimmen.

Zweikomponentige Dichtstoffe

Da in der Mehrzahl der Fälle zweikomponentige Materialien eingesetzt werden und die Verarbeitungstechnik anspruchsvoller als bei einkomponentigen ist, soll zuerst auf die Verarbeitung dieser Silikonelastomere eingegangen werden. Um die heutigen Anforderungen an die Prozesssicherheit zu erfüllen, sind Dosieranlagen mit einer speziellen Verarbeitungstechnologie erforderlich.

Die für eine sichere Verarbeitung wesentlichen Bestandteile sind die Dosierpumpen und das Mischsystem. Durch die volumetrische Zwangsdosierung gelingt ein druck- und viskositätsunabhängiges Dosieren und Mischen der Komponenten. Die Vermischung erfolgt in der Regel mit statischen Kunststoffmischern (siehe Kapitel *Mischtechnik für zweikomponentige Materialien,* S. 57 ff.). Um eine Dehnung des Mischrohrs bei steigendem Innendruck zu vermeiden, wird der Mischer außen mit einem präzise angepassten Stahlrohr abgestützt. Damit erreicht man eine gleichmäßigere Dosierung.

Für einen reproduzierbaren, genauen Elastomeraustrag ist es erforderlich, vor dem Düsenausgang ein steuerbares Verschlusssystem einzubauen, das ein Nachdrücken des vermischten Materials verhindert. Hierfür entwickelte Systeme verschließen die Düsen ohne Materialverdrängung. Dadurch werden unzulässige Materialanhäufungen am Raupenanfang und -ende vermieden.

Die beschriebene Anlagentechnik eignet sich für alle marktgängigen Materialien, deren Komponenten mittlere bis hohe Viskosität aufweisen, ein Mischungsverhältnis zwischen 100 : 100 und 100 : 5 erfordern und in Kartusche oder Fass (20 l, 200 l) angeliefert werden. Hauptauslegungskriterien sind der Dichtstoff, der Dichtraupenquerschnitt, die Taktzeit, die Bauteilzuführung und -positionierung sowie die Aushärtungsbedingungen.

Einkomponentige Dichtstoffe

Einkomponentige Dichtstoffe können am einfachsten über eine Druck-Zeit-Dosierung verarbeitet werden. Die Genauigkeit dieses Verfahrens hängt allerdings stark von der Viskosität ab. Es eignet sich nur für weniger anspruchsvolle Anwendungen. Weit genauere Ergebnisse erzielt man mit einer volumetrischen Zwangsdosierung über eine Zahnradpumpe oder einen Kolbendosierer, die von einer Fasspumpe mit Material versorgt werden. Der Dichtstoffaustrag erfolgt ebenfalls über ein Verschlusssystem, das ohne Dichtstoffverdrängung öffnet und schließt.

Nutgestaltung und Bauteilgeometrie

Bei der konstruktiven Auslegung des Dichtungsbereichs sind folgende Hinweise zu berücksichtigen: Die Breite der Nut sollte für das eindosierte Dichtungsvolumen ausreichen (Abb. 14 oben links). Die Nuttiefe sollte so tief gewählt werden, dass die Dichtung ca. 25 % gepresst wird (Abb. 14 oben rechts). Der Nutgrund ist idealerweise mit einem kleinen Radius ausgeführt. Die Nutbreite ist so zu wählen, dass die Dichtung im eingebauten Zustand noch »atmen« kann. Dies gilt vor allem für den Bereich des Raupenübergangs, der geringfügig breiter ist als die restliche Dichtung. Falls möglich ist der Raupenübergang in die Nähe einer Schraubverbindung zu legen, weil die Bauteile dort in der Regel besonders steif sind (Abb. 15).

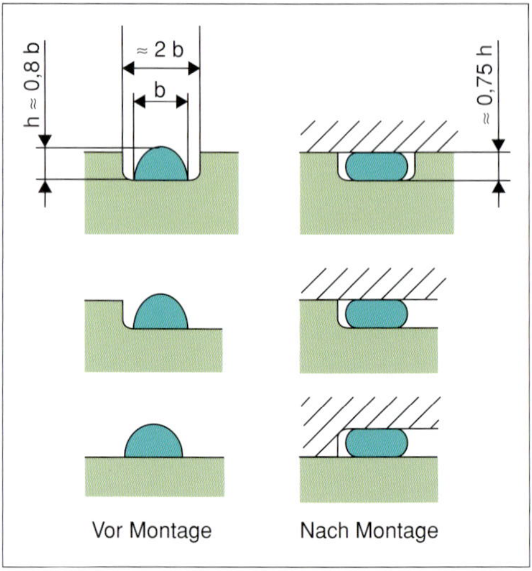

Abb. 14:
Ideale und mögliche Dichtungsquerschnitte
h Dichtungsbreite
b Nutbreite

Die Dichtraupe kann auch auf L-förmige Absätze oder ebene Oberflächen aufgetragen werden (Abb. 14 Mitte, unten). Beim Auftrag auf ebene Flächen ist darauf zu achten, dass die Montagekräfte die Dichtung nicht zu stark verpressen und dadurch überlasten. Besser ist

Abb. 15:
Gehäusedeckel mit Dichtung (mehrere Überlappungsstellen)

es, die Kräfte über einen konstruktiv vorgesehenen Anschlag zu begrenzen.

Herstellung von Dichtungen im Schäumverfahren

Das Schäumen von Dichtungen wird seit 1978 angewendet und ist damit die ältere der beiden In-situ-Dichtungstechniken. Weil die Dichtung am Ort des Auftragens aufschäumt, spricht man vom *FIPFG-Verfahren* (Abk. von engl. *formed-in-place foam gasket*) und weil sie wie die Trockendichtung unverlierbar auf der Bauteiloberfläche haftet, von einer *Dichtung ohne Teilenummer*. Die Haftung kann gezielt beeinflusst werden. Daher ist eine Sortentrennung der Kunststoffe beim Recycling leicht möglich.

Geschäumte Dichtung

Geschäumte Dichtungen weisen keine Stoßstelle(n) auf. Weil die Schaumraupe sehr stark (bis zu 80 %) komprimiert werden kann, erlauben geschäumte Dichtungen in der Regel eine hohe Toleranz der Bauteile. Typische Anwendungsbeispiele sind Schaltkästen und -gehäuse, Schaltschränke, Deckel für Fässer und Eimer, Dichtungen an Spülen und Herdmulden, Langfeldleuchten sowie Scheinwerfer und Rückleuchten, Elektronikboxen und Türaggregatträger im Automobilbereich.

Bevorzugte Materialien

Geschäumte Dichtungen werden vorwiegend aus Polyurethan- und Silikonschäumen hergestellt. Polyurethanschäume bilden eine Integralhaut. Diese geschlossene Haut sorgt dafür, dass die Dichtung wenig Feuchte aufnimmt. Nach innen bildet sich eine gemischtzellige Schaumstruktur, die die Eigenschaften der Dichtung bestimmt. Silikonschäume weisen dieselben Vorzüge auf bei erhöhter Temperatur- und Chemikalienbeständigkeit, aber auch höherem Preis. Die Auswahl des geeigneten Dichtschaums richtet sich sowohl nach den physikalischen und chemischen Anforderungen als auch nach der Bauteilgeometrie.

Flüssige oder thixotrope Schäume

Grundsätzlich unterscheidet man in flüssige und thixotrope Schaumsysteme. Flüssige Systeme werden in eine horizontal verlaufende Nut oder Form dosiert. Die Flüssigkeit nivelliert sich über die Schwerkraft von selbst und beginnt dann mit der Schäumreaktion. Thixotrope Schäume (Abb. 16) haben eine höhere Viskosität und fließen nach dem Auftragen kaum ab. Deshalb können sie auf ebene und auch auf dreidimensional geformte Flächen oder Nuten aufgetragen werden. Es ergeben sich somit vielfältige Möglichkeiten der Bauteilgestaltung.

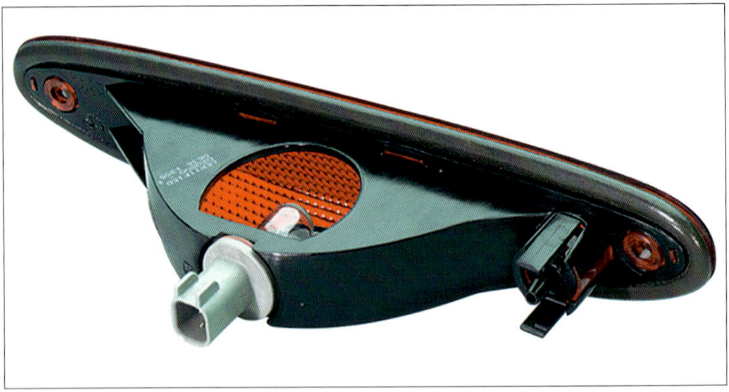

Abb. 16: Thixotrope Schaumraupe auf einer dritten Bremsleuchte

Die Auswahl des Schaumsystems sollte der Anwender bereits in einer frühen Entwicklungsphase gemeinsam mit dem Material- und dem Maschinenhersteller treffen. Nur so können alle Verarbeitungsparameter und die Materialformulierung optimal aufeinander abgestimmt werden.

Ein dreidimensionaler Dichtungsverlauf lässt sich ohne teure zusätzliche Werkzeuge realisieren. Die Kontur, der Querschnitt und die mechanischen Eigenschaften einer geschäumten Dichtung können durch Variation folgender Parameter gezielt beeinflusst werden:

- der im Roboterprogramm hinterlegten Dichtungskontur
- der Bauteilgeometrie (Nutform, Oberflächenwölbung)
- der chemischen Zusammensetzung des Materials (Gasbildung, Vernetzung)
- der Qualität der Materialaufbereitung
- der Dosierleistung
- der Bahngeschwindigkeit der Düse
- des Düsenabstands zum Bauteil (bei thixotropen Materialien).

Steighöhe und Shore-Härte

Das in einer Mischeinrichtung aufbereitete und über die Düse auf das Bauteil aufgetragene Material reagiert und schäumt auf. Die Steighöhe (man spricht auch vom Expansionsgrad) bestimmt die zu erzielende Shore-Härte der Dichtung. Härten zwischen 20 Shore 00 und 60 Shore A lassen sich einfach einstellen. Ohne Gegenmaßnahmen würde die Volumenvergrößerung in allen Dosierpausen zwangsläufig zu einer Tropfenbildung an der Düse führen. Die Tropfengröße hängt von den Mengen des vermischten Materials im Mischkopf und in der Düse ab. Aus Qualitätsgründen muss das Abtropfen verhindert werden. Ein Düsenverschlusssystem verschließt die Austrittsöffnung über ein verdrängungslos arbeitendes Ventil nahe an der Austrittsöffnung.

Raupenübergang

Wegen der selbstnivellierenden Eigenschaft der Dichtmasse ist die Gestaltung des Raupenübergangs bei flüssigen Schaumsystemen weniger kritisch als bei thixotropen. Der Raupenanfang und das Raupenende verfließen miteinander, bevor die Reaktion beginnt. Bei thixotropen Schaumsystemen muss durch eine entsprechende Programmierung der Verfahrbewegung und des Verschlusssystems sichergestellt werden, dass das Raupenende übergangslos mit dem Raupenanfang verbunden ist.

Steigzeit

Nach dem Auftragen der Dichtung sollte die Lage des Bauteils nicht verändert werden, bis die Dichtung zur endgültigen Form aufgeschäumt ist. Das erforderliche ca. 3- bis 5-minütige Zeitintervall wird als »Steigzeit« bezeichnet. Bei flüssigen Schaumsystemen kann das Bauteil nach Ablauf der Steigzeit gehandhabt werden, thixotrope Schäume können mit entsprechender Vorsicht gleich nach dem Auftrag gehandhabt werden. Die Dichtung darf allerdings nicht berührt werden, weil sie noch klebt und die Dichtungsoberfläche (Integralhaut) durch Berührung beschädigt würde. Dichtungen aus modernen Schaumsystemen können nach ca. 7 Minuten bei Raumtemperatur berührt und nach ca. 20 Minuten verpackt werden, wobei keine dauerhafte Belastung auf die Dichtung einwirken darf. Nach ca. einer Stunde ist der gesamte Reaktionsprozess abgeschlossen und diese Dichtungen sind voll belastbar. Durch die Wahl der Schaumformulierung können diese Werte noch beeinflusst werden.

Abb. 17 (gegenüber): Komponenten einer Dosieranlage
1 Dreiachsenroboter
2 Präzisionsdosierpumpe
3 Statischer Mischkopf
4 Dynamischer Mischkopf
5 Spülmittelrückführung
6 Tunnelofen
7 Steuerung
8 Transportband
9 Umpumpstation
10 Materialdruckbehälter
11 Schiebetisch
12 Luftbeladungsregler
13 Fasspresse
14 Rezirkulationspumpe
15 Temperiergerät

Die Temperaturen des Bauteils und der Dichtmasse und die Luftfeuchte beeinflussen den Reaktionsprozess. Die Bauteiltemperatur sollte während des Dosierens möglichst konstant sein. Bei kleinen Dichtungsquerschnitten und kalten Bauteilen kann der Reaktionsprozess stark beeinträchtigt werden. Wärmezufuhr nach dem Dosieren beschleunigt die Reaktion. Bei Silikonschaum muss in der Regel Wärme zugeführt werden, um eine gleichmäßige Vernetzung zu erreichen.

Verarbeitungstechnik

Die Auswahl des geeigneten Produktionssystems zum Auftragen und Ausreagieren einer Schaumdichtung hängt hauptsächlich von der Bauteilgeometrie, den Produktionsmengen je Arbeitstag und dem angestrebten Automatisierungsgrad ab. Polyurethan- und Silikonschaumsysteme werden von den Materialherstellern überwiegend als zweikomponentige Systeme angeboten. Daher sind die Dosieranlagen für Schaumsysteme üblicherweise für zwei Komponenten ausgelegt. In der Regel kann für thixotropen und/oder flüssigen Schaum dieselbe B-Komponente verwendet werden. Anlagen für drei Materialkomponenten können daher ohne Umrüstung sowohl flüssigen als auch thixotropen Schaum verarbeiten.

Anlagen für zwei oder drei Komponenten

Eine Dosieranlage zum Schäumen besteht im Wesentlichen aus (Abb. 17):

- der Umpumpstation
- der Materialaufbereitung
- dem Misch- und Dosiersystem
- einem drei- oder sechsachsigen Robotersystem
- der Teilehandhabung und Teilepufferung.

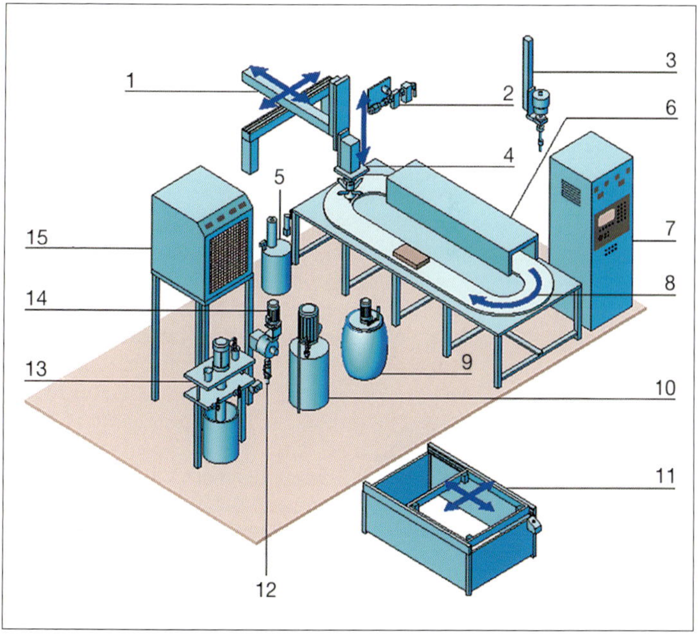

Mittels der Umpumpstation werden die Dichtstoffkomponenten von den Liefergebinden in den Materialaufbereitungsteil der Dosieranlage gepumpt. Als Liefergebinde dienen in der Regel Deckel- oder Spundlochfässer (200 l) oder bei hohem Verbrauch Container (1000 l). Die Materialaufbereitung muss gleichbleibende Viskosität, Homogenität und Temperatur der Komponenten im Dauerbetrieb sicherstellen. Hierzu zirkulieren beide Komponenten permanent zwischen dem Materialbehälter und der Dosierpumpe. Die Aufbereitung der A-Komponente (z. B. Polyol) erfordert zusätzlich eine konstante *Luftbeladung*. Mithilfe eines Luftbeladungsreglers kann der Luftgehalt gemessen und entsprechend der eingestellten Grenzwerte exakt nachgeregelt werden.

Luftbeladung der A-Komponente

Die Dosierung der beiden Komponenten in das Mischsystem erfolgt über Präzisionszahnradpumpen. Die kurzen Leitungen zwischen den Pumpen und dem Mischkopf ermöglichen eine sehr hohe Dosiergenauigkeit ohne die nachteilige Pufferwirkung der Schläuche. Somit wird das Mischungsverhältnis genau eingehalten. Die dynamische Mischeinrichtung vermischt die Komponenten homogen zu einem reaktiven Gemisch. Ihre Auslegung hängt sowohl von der durchschnittlichen Austragsmenge pro Dosiervorgang als auch von der Dosierleistung ab. Moderne dynamische Mischeinrichtungen können je nach Dimensionierung von unter 0,01 g/s bis über 120 g/s Schaum verarbeiten und zeichnen sich durch eine kompakte und wartungsfreundliche Bauform aus. Zur prozessbedingten regelmäßigen Reinigung des Mischkopfes wird ein umweltfreundliches Spülmittelrückführsystem (siehe Abb. 33) verwendet. Durch ein in den geschlossenen Spülmittelkreislauf eingebautes Sieb werden Schaumreste herausgefiltert.

Verarbeitungsleistung

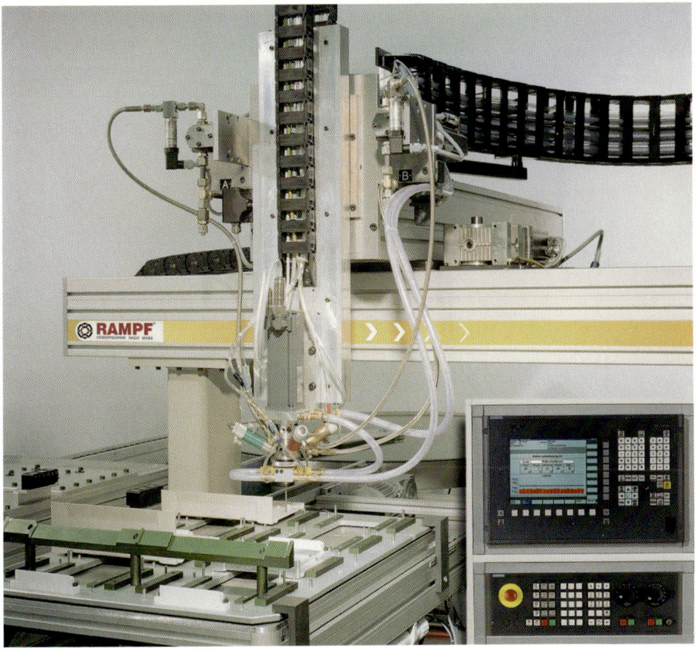

Abb. 18: Moderner Dosierroboter mit CNC-Steuerung

Das Robotersystem bewegt entweder den Mischkopf über das Bauteil hinweg oder das Bauteil unter einer stillstehenden Düse hindurch. Je nach Anwendung werden kartesische Dosierroboter (Abb. 18) mit drei Linearachsen oder Knickarmroboter eingesetzt. Kartesische Dosierroboter eignen sich für flächige Bauteile, die lange geradlinige Bewegungen erfordern. Sie decken Arbeitsbereiche bis zu 3 m × 5 m ab. Durch den modularen Aufbau sind Sonderabmessungen jederzeit problemlos konfigurierbar. Die Linearachsen erreichen Geschwindigkeiten bis 60 m/min und Positionsstreubreiten unter 0,15 mm. Um höchste Dosierpräzision zu erreichen, wird die Pumpen- und Mischtechnik mit den Linearachsen mitbewegt. Knickarmroboter werden vorwie-

gend eingesetzt, wenn ein dreidimensionaler Dichtungsverlauf erforderlich ist und die Düsenausrichtung relativ zum Bahnverlauf verändert werden muss. Je nach erforderlicher Dosiergenauigkeit bewegt der Roboter entweder die Pumpen- und Mischtechnik mit oder er übernimmt die Teilehandhabung. Im zweiten Fall kann die Flexibilität des Roboters noch besser ausgenutzt werden.
In der einfachsten Form der Teileproduktion werden die Bauteile auf einem Arbeitstisch positioniert und nach dem Dichtungsauftrag manuell wieder entnommen. Diese Lösung hat jedoch relativ hohe Maschinenstillstandszeiten wegen der Nebenzeiten für die manuelle Tätigkeit zur Folge. Für die manuelle Beschickung haben sich daher Lösungen mit zwei Arbeitstischen bewährt: Während der eine Tisch beschickt wird, erfolgt auf dem anderen hauptzeitparallel der Dichtungsauftrag. Diese Arbeitsweise ermöglicht eine nahezu unterbrechungsfreie Dosierung.

Anlagen mit Transportband

Noch weit leistungsfähiger sind Lösungen, bei denen der Bediener lediglich die Bauteile auf ein Transportband auflegt und das ausreagierte Bauteil wieder entnimmt. Das Transportband puffert die Bauteile nach dem Dichtungsauftrag, bis die Dichtungen nicht mehr kleben und die Bauteile direkt weiterverarbeitet werden können. Schaumanlagen mit Roboter und Transportband ermöglichen es, Operationen wie z. B. die Oberflächenvorbehandlung, den Dichtungsauftrag und die Teilepufferung zu verketten.

Bauteilgeometrie und Nutgestaltung

Abbildung 19 zeigt vorteilhafte Auslegungen des Dichtbereichs. Die dargestellten Ausführungen schützen die Dichtung während der Reaktion und erlauben eine prozesssichere Teilehandhabung nach dem Dichtungsauftrag.

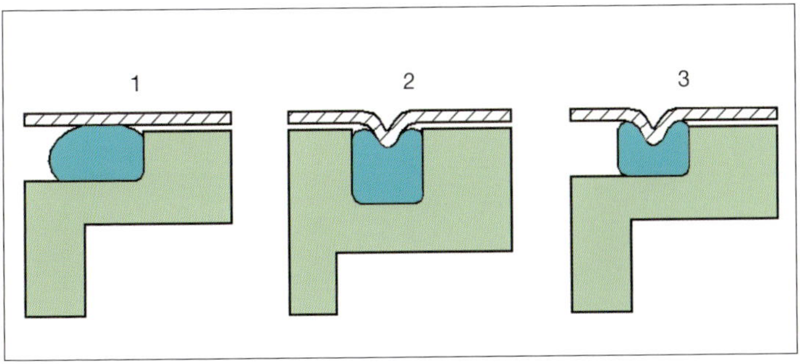

Abb. 19:
Verschiedene Dichtsysteme;
1 Dichtung mit einseitigem Schutz
2 optimale Dichtwirkung
3 Dichtwirkung besser als bei einseitigem Schutz (1)

Bei Einhaltung der in Abbildung 20a angegebenen Maßverhältnisse ist die Direktapplikation problemlos möglich. Abbildung 20b zeigt eine mögliche, aber nicht optimale Lösung. Bei dieser Konstruktionsvariante können die Teile erst zu einem späteren Zeitpunkt gestapelt werden, weil sonst die Gefahr besteht, dass die Dichtungen beim Transport beschädigt werden. Abbildung 20c zeigt einen nach dem derzeitigen Stand der Technik problemlos realisierbaren Radius der Dichtungskontur. Die Bahngeschwindigkeit beim Auftragen kann mit zunehmendem Radius gesteigert werden. Abbildung 20d zeigt hingegen eine Dichtungskontur mit ungünstigem Radius.

Gestaltung der Nutkontur

Folgende Hinweise sind bei der Auslegung der Nutkontur zu beachten: Ecken oder Stege im Nutgrund sind zu vermeiden (Abb. 21a). Die Folge sind Lufteinschlüsse, die zu Beulen- bzw. Blasenbildungen an der Oberfläche führen. Ebenso ist ein abgestufter Nutgrund zu vermeiden (Abb. 21b). Der schmale, tiefe Nutgrund fördert Lufteinschlüsse, die zur Lunkerbildung oder zu Blasen führen können. Bei Einschnürung des Nutquerschnitts drohen die gleichen Folgen (Abb. 21c). Ungünstige Breite-zu-Höhe-Verhältnisse führen dazu, dass der Schaum nicht ordentlich in den Nutgrund

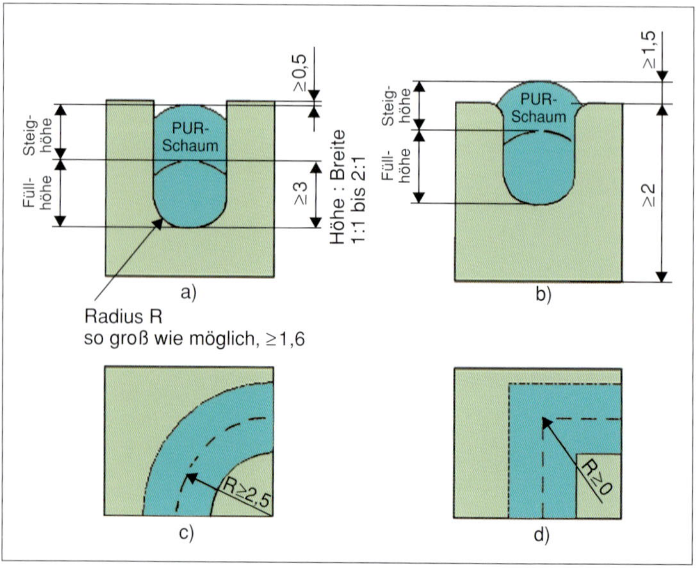

Abb. 20:
Nutausführung;
oben: Nutquerschnitt
unten: Radien der Dichtungskontur

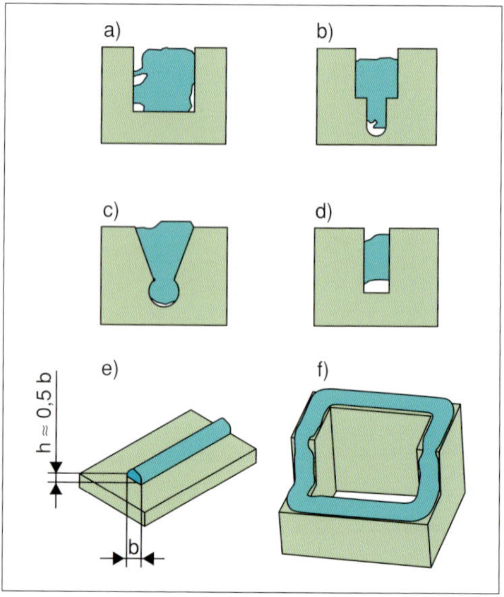

Abb. 21:
Nutgrund;
a–d Ungünstige Nutgründe
e Thixotroper Schaum auf ebenem Grund
f Ungünstige 3D-Kontur

eingebracht werden kann. Es entsteht Wandhaftung und der Schaum wird beim Expandieren zu stark belastet (Abb. 21d).
Bei der Applikation von thixotropem Schaum auf ebene Bauteile ist lediglich das realisierbare Breite-zu-Höhe-Verhältnis zu beachten (Abb. 21e). 3D-Konturen sollten »weiche« Konturverlaufsänderungen aufweisen (Abb. 21f).

Vergusstechnik

Die Vergusstechnik ist das älteste Dosierverfahren für flüssige Kunststoffsysteme. Unter Vergießen versteht man das teilweise oder vollständige Umschließen von meist elektronischen Bauteilen mit einem Gießharz. Der eigentliche Prozess des Mischens und Dosierens wurde anfangs rein manuell durchgeführt. In der Einzelfertigung und bei geringen Anforderungen an die Qualität wird dies auch heute noch praktiziert. Mitte der 70er-Jahre wurde begonnen, dynamisch arbeitende Mischeinrichtungen für Gießharze zu entwickeln. Für die Dosierung der Einzelkomponenten wurden

Abb. 22: Becherverguss an einem Relais

Zahnradpumpen verwendet. Diese lösten die bis dahin gebräuchliche Druckdosierung für anspruchsvollere Anwendungen durch eine volumetrische Zwangsdosierung ab. Die ersten maschinell realisierten Vergüsse erfolgten an Näherungsschaltern, Transformatoren und Relais (Abb. 22).

Die Vergusstechnik ist heute ein in der Möbelindustrie, der Elektroindustrie, der Fertigung von Automobilelektronik (Abb. 23), Telekommunikationstechnik, Medizintechnik, Filtern

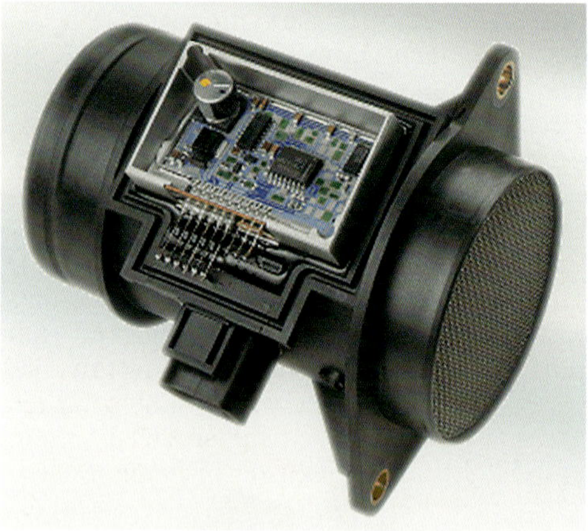

Abb. 23: Mehrfachverguss an einem Luftmassenmesser

und Druckwalzen nicht mehr wegzudenkendes Produktionsverfahren. Es werden vorwiegend Vergussmaterialien auf Epoxid-, Polyurethan- oder Silikonbasis verarbeitet. Das Gießharz hat die Aufgabe, empfindliche Bauteile vor äußeren Einflüssen wie Feuchtigkeit, Staub sowie mechanischer und thermischer Belastung zu schützen. Zugleich schützt der Verguss die Bauteile gegen Berührung (Isolation) und Einblick in die technischen Details des Produkts. Der Anwender erspart sich Bauteile und Montagearbeiten für eine aufwändige Gehäusekonstruktion mit entsprechender Abdichtung.

Durch den Verguss erzielt man eine weit bessere Isolationsklasse und mechanische Belastbarkeit des Produkts. Die Vergusstechnik ermöglicht es, an einem Bauteil Zonen mit verschiedenen Eigenschaften zu erzeugen, z. B. durch einen Basisverguss mit kompressiblem Material und anschließendem Deckverguss mit einer flexiblen, dichten Masse.

Formgebung der Vergussmasse

Die endgültige Form (Gestalt) der Vergussmasse und somit des vergossenen Bauteils wird nicht von der Maschine, sondern von der Schwerkraft, Bauteiltemperatur, Viskosität und Bauteilgeometrie (Becherform, siehe Abb. 22) bestimmt. Beim Formverguss wird die Bauteilgeometrie und Oberflächenstruktur von der geschlossenen Form bestimmt. Bei der Herstellung von Filtern, Schleifkörpern und Möbelkanten werden offene oder geschlossene Formen verwendet, die die Geometrie des fertigen Produkts vorgeben. Neben der Gestaltungsfunktion hat die Vergussmasse oft auch eine Klebfunktion: Bei Möbelkanten ist die Haftung auf Holz von erheblicher Bedeutung. Bei Filtern sind neben der Haftung auch die Penetration des Filterpapiers und die chemische und mechanische Beständigkeit wichtige Erfolgsfaktoren.

Verarbeitungstechnik

Die Aufgaben der Maschine zum Vergießen sind:

- die homogene Aufbereitung der Materialkomponenten des Gießharzes
- die Einhaltung des Mischungsverhältnisses
- die Einhaltung der gewünschten Austragsmenge pro Dosiervorgang
- die räumlich gleichmäßige oder punktuelle Verteilung des Gießharzes innerhalb des Bauteils
- die Qualität der Bauteilhandhabung und Nachbehandlung des vergossenen Produkts.

Der Vergussvorgang läuft folgendermaßen ab: Das Bauteil wird unter konstanten Bauteilbedingungen in Position gebracht. Anschließend erfolgt die Dosierung der Vergussmasse in oder auf das Bauteil (Abb. 24). Die Dosierung kann je nach Anwendung in verschiedenen

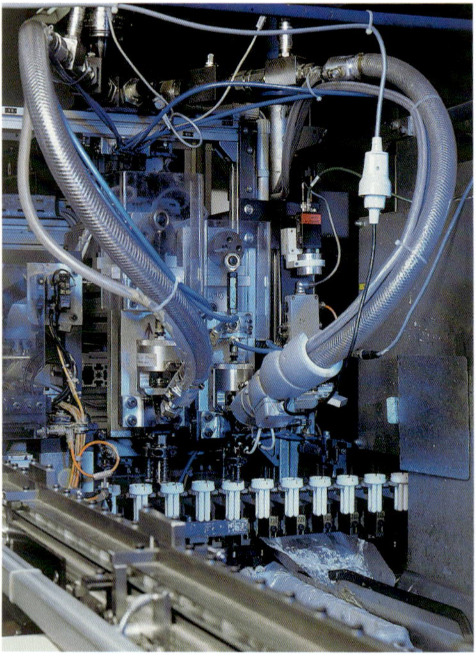

Abb. 24: Verguss von Energiesparlampen mit einkomponentigem Material

Stufen und zeitlich sowie räumlich versetzt erfolgen. Anschließend werden die vergossenen Bauteile, abhängig vom Reaktionsprozess, entgast und/oder durch Wärmezufuhr beschleunigt ausgehärtet.

Der Verarbeitungsprozess für zweikomponentige Vergussmassen wird idealerweise von Anwender, Material- und Maschinenhersteller gemeinsam ausgelegt. Für eine prozesssichere Produktion gilt es, die Bauteilgeometrie, das

Anforderungsprofil an die Vergussmasse und die Verarbeitungstechnologie frühzeitig optimal aufeinander abzustimmen.

Materialfluss

Grundsätzlich unterscheidet sich der Materialfluss in einer Vergussanlage nicht von dem in einer Dosieranlage zum Schäumen (siehe Abb. 17). Im Folgenden wird nur auf die Unterschiede näher eingegangen: Vergussmassen sind je nach Anwendung mehr oder weniger stark gefüllte Materialien. Die Einzelkomponenten der Materialaufbereitung sind daher so auszulegen, dass die Sedimentation von Feststoffen verhindert, eine homogene Vermischung sichergestellt, die Luft aus den Komponenten entfernt (Dünnfilmentgasung) und die Komponententemperatur konstant gehalten wird.

Bei der Auslegung des Misch- und Dosiersystems müssen die Dosierleistung (Abb. 25 und 32), die Austragsmenge pro Dosiervorgang,

Abb. 25: Minimalmengendosiersystem

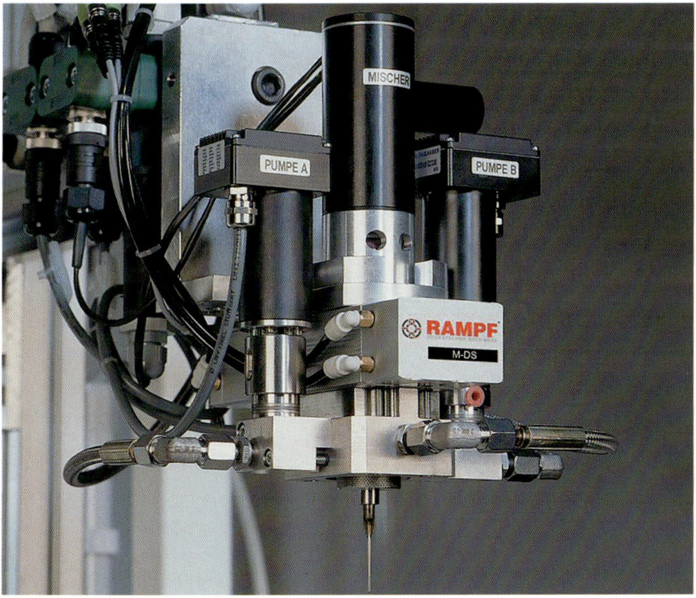

die Mischqualität, die Abrasivität und das Sedimentationsverhalten der Füllstoffe und die Düsengeometrie berücksichtigt werden.
Die Aufgabe der Bauteilehandhabung ist wiederum das lagegenaue Bereitstellen zum Vergießen. In die Teilehandhabung und -pufferung können eine Teilevorwärmung auf Vergusstemperatur und Prüfprozesse vor dem Vergießen integriert werden. Nach dem Verguss können die Bauteile unter Vakuum entgast und eventuell noch weiter erhitzt werden.

Bauteilkonstruktion
Für eine vergussgerechte Bauteilkonstruktion sind bereits im Entwicklungsstadium einige allgemeine Regeln zu befolgen: Auszugießende Hohlräume sollten neben der Eingussstelle auch eine oder mehrere Entlüftungsöffnungen am »höchsten« Punkt haben. Es sind gleich bleibende Querschnitte innerhalb der Hohlkammer anzustreben. Der Eingusspunkt ist so zu wählen, dass die Luft von der Vergussmasse in Richtung der Entlüftungsöffnungen geschoben wird. Abgestimmt auf die Viskosität der Vergussmasse sollten die Querschnitte nicht zu klein gewählt werden. Kleine Spalte erhöhen auch das Risiko der Rissbildung. Umlaufende Wandungen (Becher) zur Begrenzung des Vergusses sind anzustreben.

Lokaler Verguss

Sind keine Wandungen vorhanden, kann das Bauteil mit entsprechend eingestellter Viskosität und Reaktivität des Gießharzes lokal vergossen werden: Durch Auftragen einer hochviskosen »Barriere« wird die Vergusszone zuerst eingegrenzt und anschließend mit einer flüssigen artgleichen Masse ausgegossen (Abb. 26).
Innerhalb des zu vergießenden Bauteils sind große Materialanhäufungen zu vermeiden. Sie erzeugen lokal unterschiedlichen Härteschwund und damit Spannungen im vergosse-

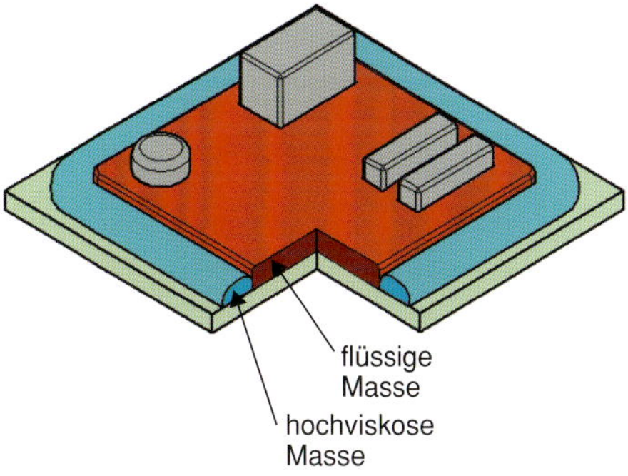

Abb. 26:
Lokaler Verguss

nen Teil. Dies kann zu Undichtigkeiten und lokaler Beschädigung von elektronischen Bauelementen führen.

Klebtechnik

Die Klebtechnik ist seit vielen Jahren ein in nahezu allen Industrien etabliertes Verfahren zur rationellen Verbindung von Bauteilen. Eine Vielzahl von Klebstoffen für die unterschiedlichsten Anforderungen wird angeboten. Dieses Kapitel begrenzt sich auf Anwendungen für Heißschmelzklebstoffe und zweikomponentige Klebstoffe, die mit statischen oder dynamischen Mischern maschinell verarbeitet werden.

Klebstoffe

Zweikomponentige Klebstoffe werden u. a. auf Silikon-, Epoxid-, Polyurethan- und Methacrylatbasis angeboten. Grundsätzlich bieten diese Klebstoffe den Vorteil, dass sich der Reaktionsablauf exakter steuern lässt, sie bei Raumtemperatur aushärten und die Endeigenschaften des Klebstoffs besser auf die Anwendung hin abgestimmt werden können, als dies bei Heißschmelzklebstoffen der Fall ist. Diese Aspekte sind vor allem in der Großserienfertigung von Bedeutung.

Oberflächenvorbehandlung

Wichtige Voraussetzungen für die Qualität der Klebverbindung sind die Bauteilvorbehandlung, die Klebstoffaufbereitung und die Reaktionsbedingungen. Die Bauteiloberflächen müssen vor dem Klebstoffauftrag gereinigt und entfettet werden. Je nach Bauteilwerkstoff ist eine Aktivierung erforderlich. Unter Umständen müssen auch die Oberflächen vorgeheizt werden.

Der Klebstoffauftrag wird durch Dosierroboter durchgeführt (Abb. 27). Die Auslegung der Materialaufbereitung erfolgt weitgehend nach den Kriterien, wie sie im Kapitel *Vergusstechnik* (S. 41 ff.) beschrieben sind.

Nach dem Klebstoffauftrag finden in der Regel automatisch ablaufende Montagevor-

Abb. 27: Verklebung von Türen für Mikrowellenherde

gänge statt, ehe das Produkt unter definierten Bedingungen aushärtet. Die Dosieranlagen können mit weitgehend standardisierten Heizstrecken und Puffersystemen ausgestattet werden. Zur Prozessüberwachung und Dokumentation können Maschinenparameter überwacht und dokumentiert werden wie

- die Materialtemperatur
- die Austragsmenge pro Dosiervorgang
- die Dosierdrücke
- die Bauteiltemperatur
- der Oberflächenzustand der Bauteile (Oberflächenaktivierung?)
- der Verlauf der Klebstoffraupe
- die Aushärtebedingungen.

Verarbeitungstechnik
Die Verarbeitungstechnik für zweikomponentige Klebstoffe unterscheidet sich prinzipiell nicht von der für Vergussmassen. Die Anlagen unterscheiden sich in der Regel darin, dass der Klebstoffaustrag mit Robotern ausgeführt wird und danach mehr oder weniger komplexe Montagevorgänge durchgeführt werden müssen. In diesem Bereich ist das Know-how des Anlagenbauers entscheidend für eine erfolgreiche Produktionslösung.

Verarbeiten von Heißschmelzklebstoffen

Die Verarbeitung von Heißschmelzklebstoffen erfordert eine durchgängige Erwärmung auf bis zu 200 °C im gesamten materialführenden Teil. Die Klebstoffe kommen im 20-l- oder 200-l-Fass zur Verarbeitung und müssen in diesem Gebinde aufgeschmolzen werden. Im aufgeschmolzenen Zustand verhalten sie sich wie hochviskose Flüssigkeiten und können dann über die Fasspumpe, die Dosierpumpe und das Dosierventil präzise appliziert werden. Zur Dosierung werden Volumendosierer oder Zahnradpumpen verwendet. Unter einem Volumendosierer versteht man einen Zylinder

Abb. 28: Roboter für den Austrag von Heißschmelzklebstoff über eine Zahnradpumpe

mit lagegeregeltem Kolben für einen geschwindigkeitsabhängigen Klebstoffaustrag. Zahnradpumpen haben sich für kleinere Dosierleistungen bewährt. Die Austragsdüse wird manuell oder per Roboter (Abb. 28) über das Bauteil geführt. Unmittelbar nach dem Klebstoffaustrag erfolgt die Montage der Bauteile. Aufwändige Reaktionsstrecken sind nicht erforderlich.

Dosieranlagen und ihre Komponenten

Eine moderne Dosieranlage setzt sich im Wesentlichen aus standardisierten Dosiertechnikbaugruppen und anwendungsspezifischen Maschinenbaugruppen, insbesondere für die Bauteilhandhabung, zusammen. Das Anforderungsprofil an die Dosieranlage wird in einem Pflichtenheft definiert. Die der Gießharzverarbeitung dienenden Komponenten werden über Versuche und nach Erfahrungswerten bestimmt. Die Bauteilhandhabung wird vom Anlagenhersteller konzipiert und vom Anwender freigegeben. Diese Vorgehensweise stellt sicher, dass die Anlage den Produktionsanforderungen exakt entspricht. Wichtige Auslegungskriterien sind die Produktionsmengen pro Zeiteinheit, die Fertigungsbedingungen, die Maßnahmen zur Qualitätssicherung, der gewünschte Automatisierungsgrad und die zu verarbeitenden Materialien.

Materialaufbereitung und -förderung

Trennung von Dosierung und Rezirkulation

Moderne Dosieranlagen trennen die Dosierung von der Rezirkulation. Dieses Prinzip erlaubt es, eine von der Dosierung unabhängige Materialaufbereitung durchzuführen und die Komponenten optimal für die Verarbeitung vorzubereiten. Im Gegensatz zu Lösungen mit nur einer einzigen Pumpe zum Dosieren und Rezirkulieren ergeben sich folgende Vorteile: eine schnellere Komponentenumwälzung und -aufbereitung, eine schonendere Behandlung des Materials durch geringere Scherkräfte, Schutz der präzisen Dosierpumpe vor unnötigem Verschleiß und sehr hohe Dosiergenauigkeit.

Bei Dosieranlagen ohne Rezirkulationssystem wird die Dosierpumpe über druckluftbeaufschlagte Materialbehälter (flüssige Komponente) oder über Fasspressen (pastöse Komponente) versorgt.
Die Materialaufbereitung stellt sicher, dass den Dosierpumpen stets genügend und korrekt aufbereitetes Material zur Verfügung steht. Je nach Anwendung werden die flüssigen Phasen im Material homogenisiert, die festen Bestandteile in Schwebe gehalten (keine Sedimentation) und Gase entfernt (blasenfreier Verguss). Material für geschäumte Dichtungen wird darüber hinaus mit Luft beladen, um die optimale Schaumstruktur zu erzeugen, und durch Heizen bzw. Kühlen auf konstanter Temperatur gehalten. Für diese Aufgaben stehen diverse Pumpentypen, Rührwerksausführungen, Temperierungen und Umpumpstationen zur Auswahl.
Für die prozesssichere Verarbeitung von FCKW-freien Schaumsystemen ist es notwendig, den Luftgehalt der A-Komponente konstant zu halten (Abb. 29). Hierzu verfügt der

Abb. 29: Verarbeitungsschema mit Luftbeladung
1 A-Komponente
2 B-Komponente
3 Luftbeladungsregler
4 Absperrhahn
5 Membranpumpe
6 Dosierpumpe
7 Mischsystem
8 Rezirkulationspumpe

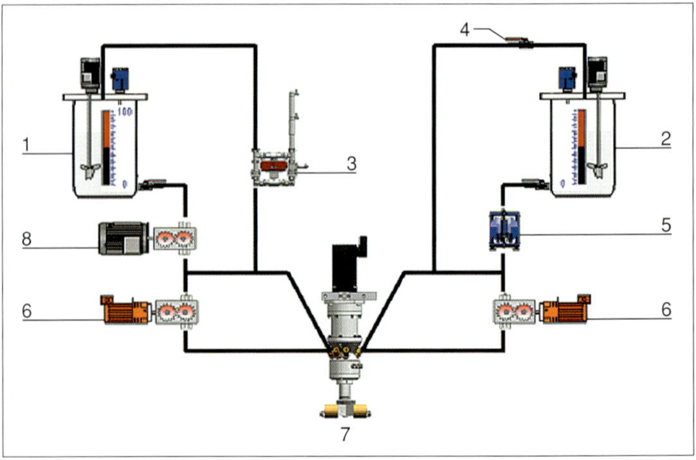

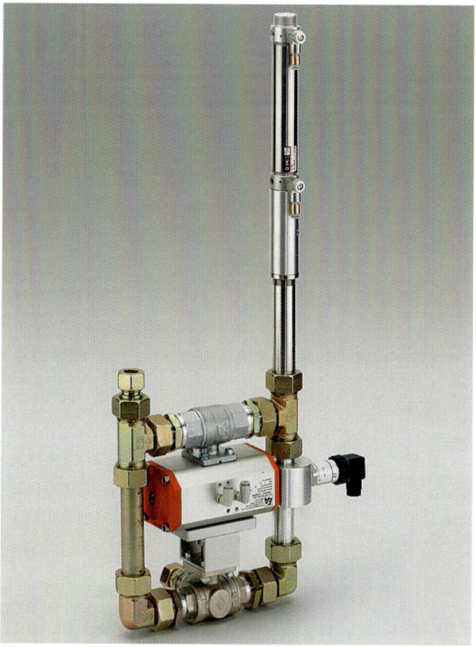

Abb. 30: Luftbeladungsregler

entsprechende Materialbehälter über ein spezielles Rührwerk, kombiniert mit einer Luftlanze zum Einblasen von Luft. Ein Luftbeladungsregler (Abb. 30) misst in bestimmten Zyklen den Luftgehalt und steuert damit die Begasungsintervalle und den Begasungsdruck. Der Regler wird permanent vom Material durchströmt und zur Messung über einen Bypass entkoppelt. Mithilfe einer übersichtlichen grafischen Benutzeroberfläche können die Parameter leicht geändert und der Prozess an schwankende Umgebungseinflüsse angepasst werden.

Entgasung der Komponenten

Für blasenfreien Verguss ist es erforderlich, die Einzelkomponenten zu entgasen. Dies erfolgt in der Regel nach der Befüllung des Materialbehälters. Durch Unterdruck im Behälter wird der Komponente das gelöste Gas entzogen. Der Prozess des Entgasens kann im selben Behälter erfolgen, aus dem das Material gefördert wird, falls kontinuierlich dieselbe Menge entgast werden kann, die entnommen wird. Um dies zu erreichen, zirkuliert der Behälterinhalt permanent unter Vakuum über einen Laminarkegel (Dünnfilmentgasung). Die Vergrößerung der Oberfläche erleichtert den Entgasungsvorgang erheblich.

Alternativ kann mit zwei Materialbehältern wechselseitig gearbeitet werden. Aus dem einen Behälter wird gefördert, während der andere entgast wird.

Dosierpumpen

Die Dosierpumpe entscheidet über die Prozesssicherheit der gesamten Anlage. Zur Auswahl stehen verschiedene kontinuierlich oder diskontinuierlich fördernde Pumpen. Beide Prinzipien haben Vor- und Nachteile. Welche Pumpenart ausgewählt wird, hängt von der Viskosität und Abrasivität des Materials so-

Tab. 3: Merkmale von Dosierpumpen

		Außenzahnradpumpe	Innenzahnradpumpe	Exzenterschneckenpumpe	Schlauchpumpe	Kolbendosierer
Viskosität	> 10^5 mPas	+	–	+	–	+
	10^2 – 10^5 mPas	+	+	+	–	+
	1 – 10^2 mPas	+	+	+	+	+
Fluidstruktur	homogen	+	+	+	+	+
	heterogen, abrasiv	–/o	o	+	+	+
Förderung	schonend	o	o/+	+	+	+
	1 – 100 cm^3/s	+	o	+	+	+
Volumenstrom	< 1 cm^3/s	+	+	–/o	o	+
	< 0,1 cm^3/s	–/o	+	–	–	+
Differenzdruck	< 100 bar	+	–	–	–	+
	< 40 bar	+	o	o	–	+
	< 10 bar	+	+	+	+	+

+ gut geeignet, o geeignet, – ungeeignet

wie von der erforderlichen Förderleistung ab (Tab. 3). Alle nachfolgend beschriebenen Pumpen arbeiten nach dem Prinzip der volumetrischen Zwangsdosierung und damit weitgehend druckunabhängig.

Kontinuierlich fördernde Pumpen

Zahnradpumpen

Zahnradpumpen sind die präzisesten Dosierpumpen. Sie eignen sich für ungefüllte oder mit Festkörpern gefüllte gering abrasive Materialien von flüssiger bis pastöser Konsistenz. Verschleiß hemmende Beschichtungen und optimierte Zahnformen erhöhen die Lebensdauer. Außenzahnradpumpen können ab einem Fördervolumen von ca. 0,1 cm^3 pro Umdrehung eingesetzt werden. Sie eignen sich für Dosierdrücke bis ca. 100 bar. Für geringere Fördervolumina werden Innenzahnradpumpen benötigt. Das in Abbildung 25 (siehe S. 45) dargestellte System zeichnet sich durch extrem kompakten Aufbau aus. Innenzahnradpumpen werden direkt neben der Mischeinrichtung angebaut. Damit lassen sich sehr hohe Dosiergenauigkeiten von ±1 % bei Dosiermengen von ca. 20 mg erreichen (*Minimalmengendosierung* bis 1 mg).

Exzenterschneckenpumpen

Exzenterschneckenpumpen eignen sich für die Dosierung von hochviskosen und pastösen Materialien. Sie reagieren weitgehend unempfindlich auf gefüllte und abrasive Materialien, erreichen wegen des stärkeren Druckeinflusses aber nicht die Dosiergenauigkeit von Zahnradpumpen. Sie eignen sich für Fördervolumina ab ca. 1 cm^3 pro Umdrehung im Druckbereich bis 40 bar.

Schlauchpumpen

Schlauchpumpen eignen sich wegen der Druckempfindlichkeit des Pumpenschlauches nur für weniger genaue Anwendungen. Sie werden vor allem als preiswerte Lösung für die Dosierung von gefüllten und abrasiv wirkenden Materialien eingesetzt.

Diskontinuierlich fördernde Pumpen

Kolbendosiersysteme

Für die anspruchsvolle Dosierung nahezu aller flüssigen bis pastösen Materialien können Kolbendosiersysteme eingesetzt werden (Abb. 31), deren Kolben das Material aus einem Zylinder verdrängt. Nach einer bestimmten Anzahl von Dosierungen muss der Zylinder wieder gefüllt werden. Je nach Anwendung setzt man unterschiedlich groß dimensionierte Dosiersysteme ein.

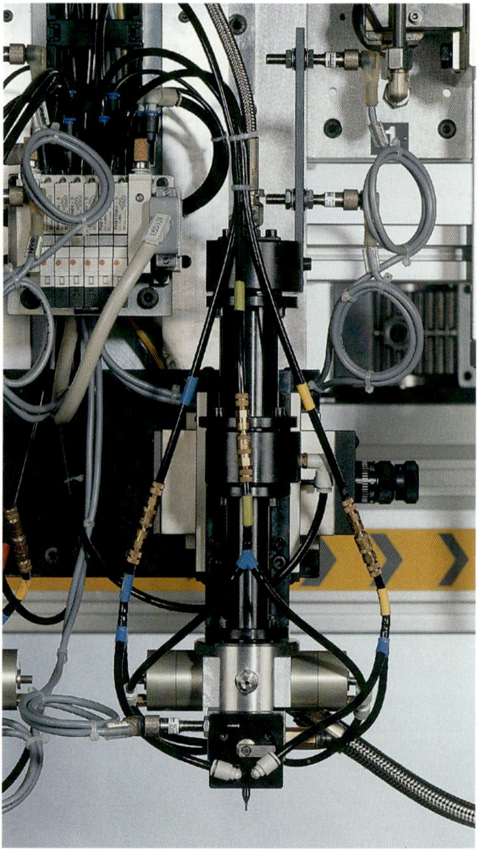

Abb. 31: Hydraulischer Kolbendosierer

Mischtechnik für zweikomponentige Materialien

Mischsysteme sind neben der Pumpentechnik ein weiteres wichtiges Element einer Dosieranlage. Man unterscheidet statische, statisch-dynamische und dynamische Mischverfahren (Tab. 4). Beim statischen Verfahren wird der Materialstrom durch eine stillstehende links- oder rechtsorientierte Wendel aufgeteilt und wieder zusammengeführt. Über die Mischerlänge kann die Intensität der Vermischung beeinflusst werden. Angeboten werden Einwegmischer aus Kunststoff und Mehrwegmischer aus Metall. Wird die Wendel des statischen Mischers zur intensiveren Vermischung in Rotation versetzt, spricht man von einem statisch-dynamischen Verfahren.

Einweg- und Mehrwegmischer

Ein Höchstmaß an Mischqualität und Dosiergenauigkeit erzielt das dynamische Mischverfahren. Durch ein Baukastensystem von unterschiedlichen Mischkammergrößen und

Tab. 4: Mischverfahren in der Übersicht

		Mischverfahren		
		statisch	statisch/ dynamisch	dynamisch
Viskosität	> 10^5 mPas	+	–	+
	10^2 – 10^5 mPas	+	o	+
	1 – 10^2 mPas	o	+	+
Fluidstruktur	homogen	+	+	+
	heterogen, abrasiv	+	+	+
Mischprozess	schonend	+	+	+
Fluidstrom	10 – 120 g/s	o	o	+
	0,5 – 10 g/s	+	+	+
	< 0,5 g/s	–	–	+
Topfzeit	> 300 s	+	+	+
	30 – 300 s	o/+	+	+
	< 30 s	–	–	+
Viskositäts-unterschieds-Index*	> 100	–	–	+
	10 – 100	o	+	+
	< 10	+	+	+
Mischungs-verhältnis		1:1 – 1:10	1:1 – 1:20	1:1 – 1:100

* = Viskosität (A) : Viskosität (B)   + gut geeignet, o geeignet, – ungeeignet

Mischergeometrien ermöglicht es, für jede Dosierleistung und jede Austragsmenge pro Dosiervorgang das passende Mischsystem zusammenzustellen. Der Mischer wird über einen geregelten Servomotor angetrieben, der die Drehzahl exakt einhält. Die Komponenten werden über pneumatisch betätigte Nadelventile oder neuartige Synchronventile in die Mischkammer gefördert. Das Scherkraftgefälle innerhalb des Spalts zwischen der Mischkammer und dem rotierenden Mischer sorgt für die Vermischung. Durch Variation der Drehzahl und Spaltlänge kann die Ener-

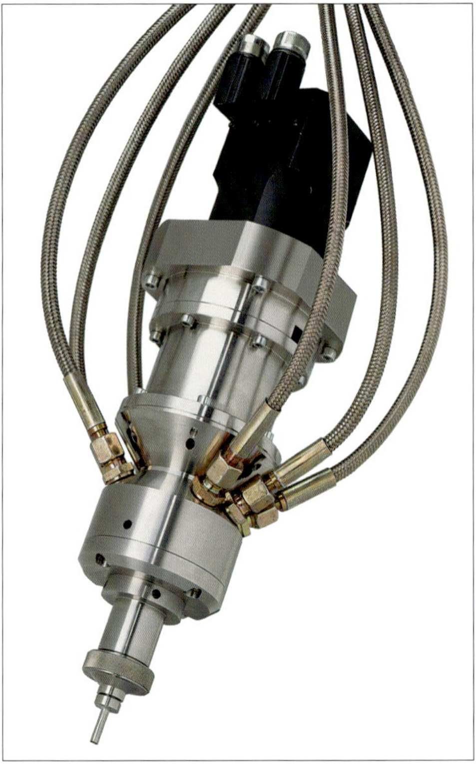

Abb. 32: Moderner Mischkopf mit Keramik-Synchronventilen

giezufuhr in das Material gesteuert werden. Dies beeinflusst direkt den Reaktionsprozess.

Mischsysteme für höchste Anforderungen

Besonders hohe Anforderungen an die Mischqualität, den Durchsatz und die Wartungsfreundlichkeit können mit einem Mischsystem erreicht werden, das mit einem Servomotor für die synchrone Ventilbetätigung und den Mischerantrieb, mit einem verdrängungsfreien Ventilsystem und mit wartungsfreien statischen Dichtungen ausgestattet ist (Abb. 32). Der kompakte Aufbau erleichtert den Anbau an einen Roboter und reduziert die Länge der Austragskanüle. Das für Schaummaterialien erforderliche Verschlusssystem ist in die Austragskanüle integriert.

Alle Mischeinrichtungen, die nicht mit Einwegmischelementen arbeiten, müssen nach Ablauf der Topfzeit oder nach einer bestimmten Anzahl von Dosiervorgängen gespült werden. Das rechtzeitige Spülen verhindert eine vorzeitige Verschmutzung der Mischeinrichtung und somit eine außerplanmäßige Produktionsunterbrechung. Gebräuchliche Spülvorrichtungen bzw. -verfahren sind:

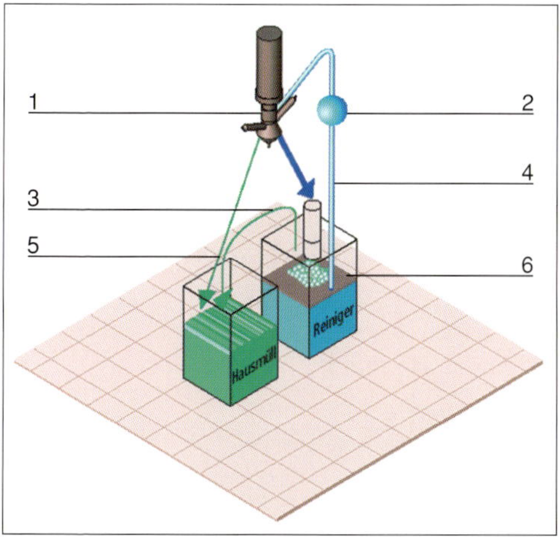

Abb. 33: Schematische Darstellung der Spülmittelrückführung
1 Mischeinrichtung
2 Pumpe
3 Filter und Partikel (trocken)
4 Saugrohr
5 Füll- und Blindschüsse
6 Filter

- Spülmittelrückführsysteme mit einem geschlossenen Spülmittelkreislauf (Abb. 33)
- die Hochdruckwasserspülung
- das Spülen mit der A-Komponente.

Spülmittelrückführsysteme ermöglichen die Mehrfachnutzung des Spülmittels, garantieren eine verbrauchsarme Mischsystemreinigung und bieten dem Anwender darüber hinaus den Vorteil, dass das Spülmittel vom Lieferanten zurückgenommen wird.
Statische Metallmehrwegmischer werden nach Beendigung der Produktion ausgebrannt.

Dosiersteuerungen und Prozessüberwachung

Dosiersteuerungen bestehen im Wesentlichen aus zwei Elementen: der Prozesssteuerung und der Ablaufsteuerung. Beide Elemente können in einer SPS- oder CNC-Steuerung integriert sein.

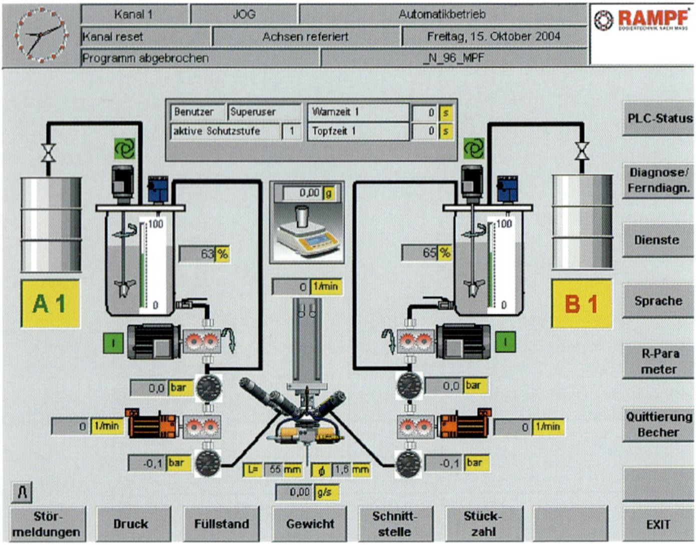

Abb. 34: Prozessschaubild für die Anwendung zweikomponentigen Materials

Prozess-steuerung

Die Prozesssteuerungen basieren auf SPS-Steuerungen, die mit einer grafischen Benutzeroberfläche ausgestattet sind. Sie verhalten sich passiv und sorgen für den korrekten Dosiervorgang, die materialspezifische Aufbereitung sowie die Dosierung und Vermischung der Komponenten. Über ein Schaubild erhält der Anwender schnell eine Übersicht über alle Prozessparameter (Abb. 34). Hier werden die Daten für die Aufbereitung jeder Komponente (z. B. Behälterfüllstände, Rezirkulationsparameter, Luftbeladung, Drücke) eingegeben. Diese sind gespeichert und können zu Dokumentationszwecken archiviert werden.

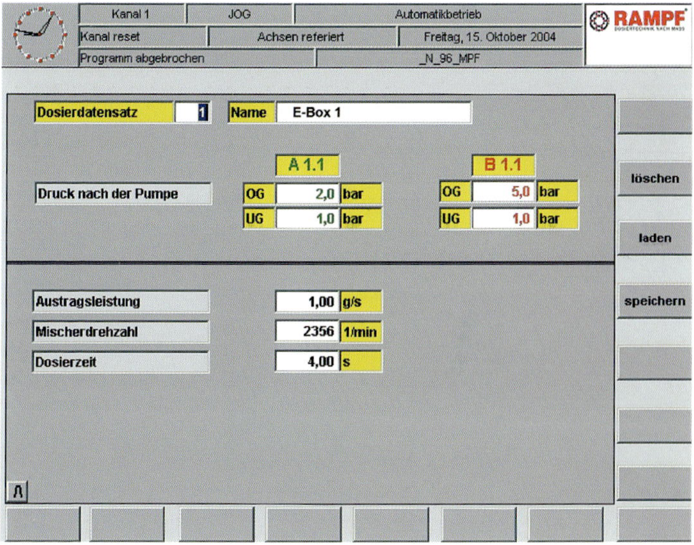

Abb. 35: Eingabemaske auf der Dosierdatenebene

Die Sollwerte können leicht und schnell auf der Dosierdatenebene geändert werden (Abb. 35). Aus der gewünschten Dosierleistung z. B. errechnet die Dosiersteuerung dann die Pumpendrehzahl. Bedienerfreundliche Masken zeigen die Istwerte und die Sollwerte für jeden

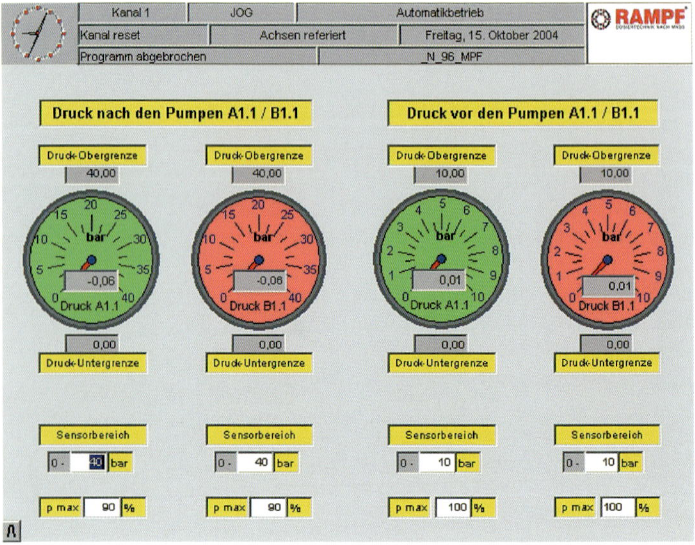

Abb. 36: Eingabe der Drücke

Parameter an (Abb. 36). Alle Eingaben werden auf Plausibilität geprüft.

In einem zweiten Eingabebereich werden die Materialdaten eingegeben. Man spricht auch von der Rezepturverwaltung. Hier werden alle materialspezifischen Daten des zu verarbeitenden Materials hinterlegt (Abb. 37). Sogar schleichende Abweichungen der Dosierleistung können automatisch über periodische Kontrollen der Austragsmenge pro Dosiervorgang korrigiert werden.

Ablaufsteuerung

Die Ablaufsteuerung wird von der CNC-Bahnsteuerung, der Robotersteuerung oder der Systemsteuerung (bei komplexen Montageanlagen) übernommen. Sie ruft zu einem bestimmten Zeitpunkt die Prozesssteuerung auf und beendet die Dosierung in Abhängigkeit von der Bahn (weg- oder zeitgesteuert).

Die Programme werden in ISO-Code erstellt und können auch auf externen Programmier-

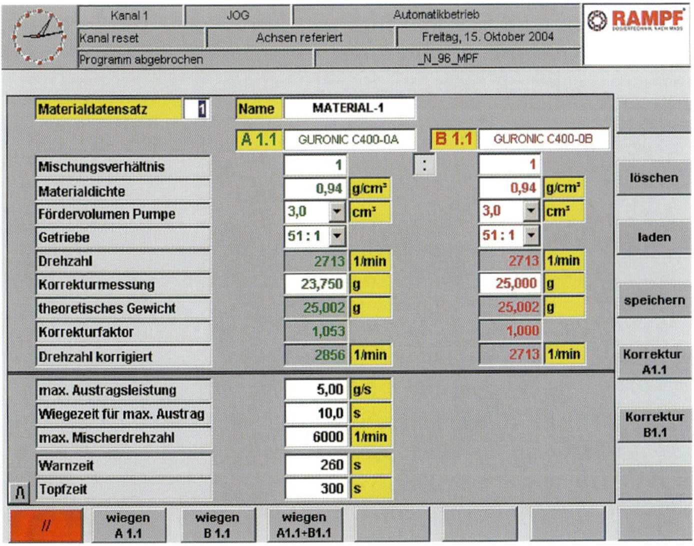

Abb. 37: Rezepturverwaltung

plätzen geschrieben werden. In zunehmendem Maße müssen alle relevanten Produktionsparameter wie Behälterfüllstände, Drücke vor und nach der Dosierpumpe, Temperaturen der Komponenten, Pumpendrehzahlen, Mischerdrehzahlen, Luftbeladung, Rezirkulationsbedingungen und Austragsmengen pro Dosiervorgang von der Dosiersteuerung erfasst werden. Diese Daten können dann für jeden einzelnen Dosiervorgang gespeichert und an Betriebsdatenerfassungssysteme oder zur SPC-Auswertung weitergegeben werden (Abb. 38).

Überwachungssysteme

Standardmäßig können in heutige Dosieranlagen folgende Überwachungssysteme integriert werden:

- Luftbeladungsregler zur Bestimmung des Luftgehalts (Abb. 39)
- Waagen zur Schussgewichtskontrolle (Abb. 40)

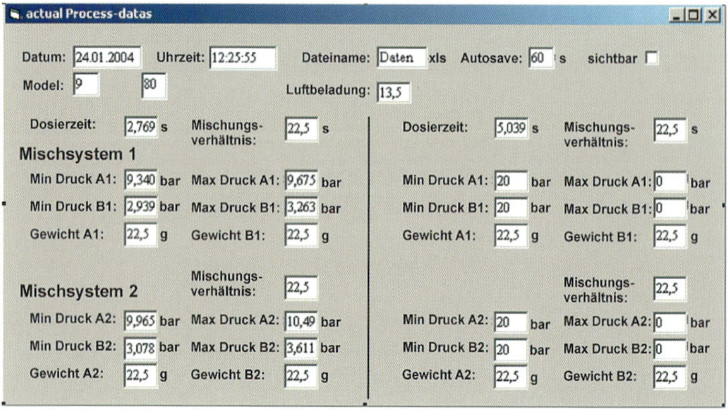

Abb. 38: Datentabelle für Betriebsdaten-erfassungssystem

Abb. 39: Eingabemaske für die Luftbeladung

- Drucksensoren zur Messung der Drücke vor und nach der Pumpe und innerhalb des Mischkopfes
- Kamerasysteme zur visuellen Prüfung von dosierten Bauteilen oder zur Bauteilerkennung
- Sensoren zur Prüfung der Kanülenposition
- Durchflussmesssysteme in den Komponentenleitungen.

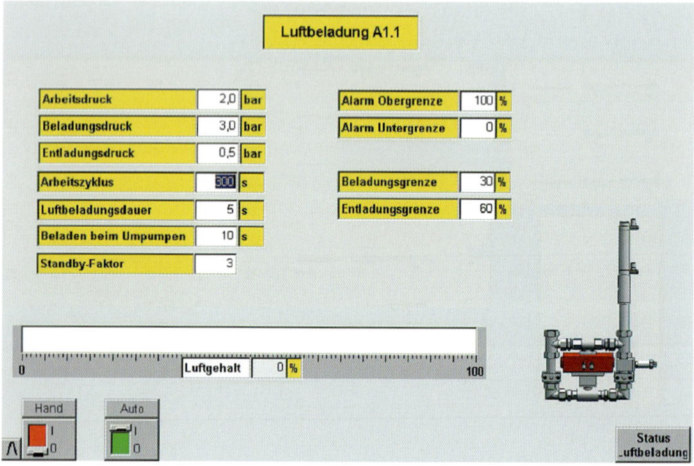

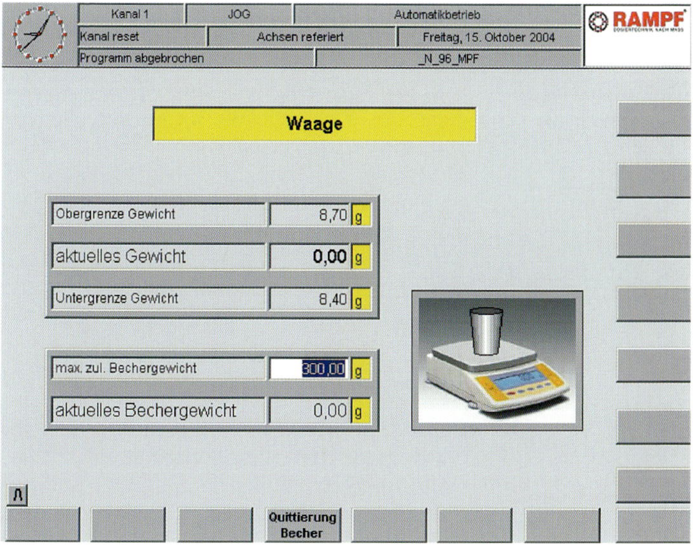

Durch die projektspezifisch richtige Auswahl der Überwachungselemente kann eine sichere und zuverlässige Produktionsüberwachung erreicht werden.

Abb. 40: Bestimmung des Gewichts der ausgebrachten Materialmenge

Ökologische Aspekte

Vorgaben für die Dosiertechnik

Aus ökologischer Sicht sind bei der Anwendung der Dosiertechnik zwei Vorgaben zu beachten. Zum einen sind *prozessbedingte Abfallstoffe* zu *vermeiden*. Die Mehrfachnutzung eines speziellen Mediums zur Mischsystemreinigung ist somit der Einmalnutzung von Wasser vorzuziehen, denn Letztere produziert höhere Mengen an kontaminiertem Wasser und erfordert in der Regel mehr Spülvorgänge, als bei der Verwendung eines Reinigers erforderlich wären. Zum anderen muss der *Abfall sortenrein und ausreagiert* sein. Dazu trägt die strikte Trennung des Füll- und Spülvorgangs bei. Sie verringert die Entstehung von kontaminierten Abfällen, weil das beim Füllen vermischte Material homogen ausreagiert.

Entsorgung von Polyurethanabfällen

Die Entsorgung von Polyurethanen wird durch die europäischen Altfahrzeug- und Elektronikschrottverordnungen zunehmend an Bedeutung gewinnen. Man unterscheidet zwischen Beseitigung und Verwertung. Die Beseitigung erfolgt zum Teil durch Endlagern auf einer Deponie. Weit sinnvoller ist es, die Abfälle durch Recycling und Verwertung einer neuen Verwendung zuzuführen (Abb. 41).

Bei der werkstofflichen Verwertung durch Recycling wird Polyurethan zu kleinen Partikeln zermahlen und zu Bau- und Isolierprodukten verarbeitet oder als Füllstoff in Polyurethanteilen verwendet. Die rohstoffliche Verwertung sieht dagegen vor, aus Polyurethanabfällen in Pyrolyseanlagen Öl bzw. Synthesegas herzustellen. Dieses Verfahren ist allerdings nur in großtechnischem Maßstab sinnvoll. Kleinere Mengen sortenreiner Polyurethanabfälle können mit Hilfe der Glykolyse zu Recyclingpolyol verarbeitet werden.

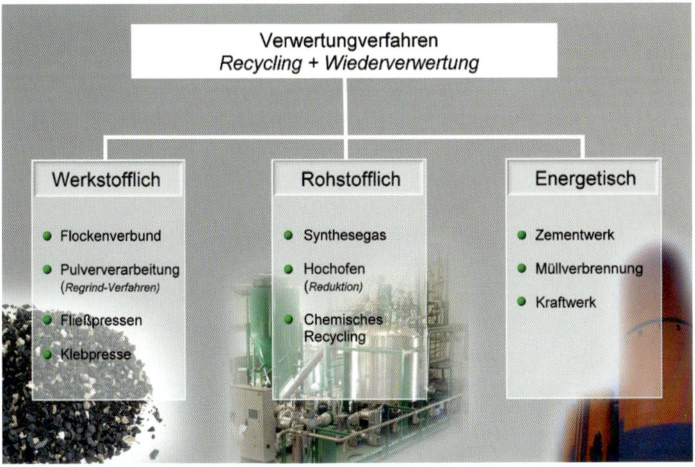

Abb. 41: Recyclingverfahren für Formstoffe aus Polyurethansystemen

Dieses Verfahren ist vor allem für Gießharz- und Schaumhersteller interessant, weil das Recyclingpolyol bis zu einem gewissen Anteil neuen Produkten zugemischt werden kann. Da Polyurethan einen der Kohle vergleichbaren Heizwert besitzt, kann es in Anlagen mit Rauchgasreinigung zum Zweck der Energieerzeugung verbrannt werden. Vor allem Zementwerke, industrielle Kraftwerke und die Müllverbrennung profitieren von der energetischen Wiederverwertung.

Mehr rohstoffliche Verwertung

Nach wie vor ist die Energiegewinnung die wirtschaftlichste aller Verwertungsmethoden. Die rohstoffliche Verwertung wird aber in Zukunft an Bedeutung gewinnen und so dazu beitragen, wertvolle Ressourcen zu schonen.

Fachbegriffe und Abkürzungen

Abrasiv Materialeigenschaft, die mechanischen Abrieb an weicherem Material durch Kornanteil des härteren Materials verursacht: je größer die Moh'sche Härte, desto größer oder spitzer das Korn; je höher der Kornanteil, desto abrasiver das Material.

Aliphatische Isocyanate Isocyanate ohne aromatischen Ring.

Aromatische Isocyanate Isocyanate mit aromatischen Ringen.

CIPG Abk. von engl. *cured-in-place gasket:* an Ort und Stelle ausgehärtete Dichtung.

Difunktionell Zwei funktionelle Gruppen enthaltend.

Expansionsgrad Verhältnis des ursprünglichen Volumens zum geschäumten Endvolumen, z. B. bei 20 l und Expansionsgrad 5 (500 %) beträgt das Volumen nach der Verschäumung 100 l.

FIPFG Abk. von engl. *formed-in-place foam gasket:* an Ort und Stelle geschäumte Dichtung.

FIPG Abk. von engl. *formed-in-place gasket:* an Ort und Stelle applizierte Dichtung.

Gemischtzellig Schaumstruktur mit einer Mischung aus geschlossenen und offenen Zellen (z. B. bei Polyurethanschaum).

In situ Lat. *in (natürlicher) Lage.*

Integralhaut Haut, die sich durch Verdichten bzw. Kollabieren der äußeren Schaumzellen bei der Abkühlung von Schäumen bildet.

Klebfrei-Zeit Steigzeit zuzüglich der Zeit, bis die Dichtraupenoberfläche klebfrei ist (verschiedene Prüfmethoden).

Luftbeladung Einbringen von feinverteilter Luft in eine Materialkomponente.

PUR Abk. von *Polyurethan.*

Sedimentation Meist die Beurteilung des Absetzverhaltens eines oder mehrerer fester Stoffe in einem homogenen Gemisch aus flüssigen und festen Stoffen.

Stauchhärte Definiert als der Widerstand einer Dichtung gegen Kompression in Abhängigkeit von der Kompressionsgeschwindigkeit. Der Widerstand wird vom Anteil der geschlossenen Zellen im Schaum bestimmt.

Steigzeit Topfzeit zuzüglich der Zeit für die Verschäumung (Volumenvergrößerung).

Topfzeit Auch als Startzeit bezeichnet; Zeit vom Beginn der Vermischung bis zum Beginn der Verschäumung (Schäume) bzw. bis zu einer merklichen Viskositätserhöhung (ungeschäumte Produkte).

Trifunktionell Drei funktionelle Gruppen enthaltend.

Vernetzung Auch als *Aushärtung* oder *Vulkanisation* bezeichnet: chemischer Übergang vom viskosen in den festen Zustand.

Viskosität (funktionaler) Zusammenhang der Schubspannung einer Flüssigkeit und der Schubgeschwindigkeit; üblich sind folgende Einstufungen: *flüssig* (geringste Schubspannung), *viskos* (höhere Schubspannung), *hochviskos* (sehr hohe Schubspannung), *pastös* (extrem hohe Schubspannung, fast fest), *thixotrop* (Schubspannungsverlust bei höherer Schubgeschwindigkeit durch mechanische Kräfte in der Flüssigkeit; Sonderfall).

Die Partner dieses Buches

RAMPF®
DOSIERTECHNIK NACH MASS

RAMPF Dosiertechnik GmbH & Co. KG
Römerallee 14
D-78658 Zimmern ob Rottweil
Tel.: +49 (07 41) 29 02-0
Fax: +49 (07 41) 29 02-21 00
E-Mail: info@rampf-dosiertechnik.de
www.rampf-dosiertechnik.de

RAMPF Dosiertechnik ist der international führende Anbieter von Misch- und Dosieranlagen für ein- und mehrkomponentige Gießharz-, Dichtungs- und Klebstoffsysteme. Mit über 25 Jahren Erfahrung und mehr als 1500 weltweit installierten Anlagen bietet RAMPF Dosiertechnik für viele Industriebranchen Lösungen rund um die Verarbeitung von reaktiven Kunststoffsystemen aus Polyurethanen, Epoxiden und Silikonen. Der Leistungsbereich umfasst Komponenten zum Mischen und Dosieren, Einheiten zur Materialaufbereitung und für den Materialtransport, intelligente Systeme zur Automatisierung sowie die Entwicklung, Produktion und Vermarktung von maßgeschneiderten Misch- und Dosieranlagen für hochautomatisierte Produktionsprozesse.

RAMPF®
GIESSHARZE NACH MASS

RAMPF Giessharze GmbH & Co. KG
Albstraße 37
D-72661 Grafenberg
Tel.: +49 (0 71 23) 93 42-0
Fax: +49 (0 71 23) 93 42-12 55
E-Mail: info@rampf-giessharze.de
www.rampf-giessharze.de

Das seit 1980 bestehende Unternehmen RAMPF Giessharze ist der Spezialist für die Entwicklung, Herstellung und Vermarktung von zweikomponentigen Polyurethan-Gießharzen und -Dichtungsschäumen. Das Angebot umfasst moderne flüssige und thixotrope Dichtungssysteme sowie Elektrogießharze, Konstruktionsgießharze und zweikomponentige Klebstoffe. Diese innovativen Systeme bieten eine Vielzahl an Anwendungsmöglichkeiten, sind einfach zu verarbeiten und besitzen ein weites Temperaturspektrum. Sie werden in der Kfz- und Kfz-Zulieferindustrie, Elektro- und Elektronikindustrie, Filtertechnik, Schleif- und Poliermittelindustrie, Möbel- und Holzindustrie, aber auch in der Bauindustrie erfolgreich eingesetzt.

RAMPF Dosiertechnik und RAMPF Giessharze sind Unternehmen der weltweit tätigen RAMPF-Gruppe, die sich als Fullservice-Anbieter im Bereich der Polymerchemie präsentiert. Die Unternehmen der Gruppe haben sich zu führenden Anbietern folgender Bereiche entwickelt:

- RAMPF Giessharze – 2K-Polyurethan-Systeme
- RAMPF Dosiertechnik – Misch- und Dosieranlagen
- RAMPF Tooling – Modellbau-Werkstoffe
- RAMPF Services – Schäumen, Vergießen und Kleben als Dienstleistung
- EPUCRET – Maschinengestelle aus Mineralguss
- RAMPF Ecosystems – Recycling von PUR und PET.

Hierdurch verfügt die Gruppe über umfangreiche Kompetenzen im Bereich der Reaktionsgießharze sowie professionelles Know-how der Verarbeitung und des Recyclings dieser Materialien.